国家级职业教育规划教材

人力资源和社会保障部职业能力建设司推荐

QUANGUO ZHONGDENG ZHIYE JISHU XUEXIAO JIANZHULEI ZHUANYE JIAOCAI

全国中等职业技术学校建筑类专业教材

电工电子基础知识

（第二版）

习题册

人力资源和社会保障部教材办公室组织编写

中国劳动社会保障出版社

简介

本习题册是全国中等职业技术学校建筑类专业教材《电工电子基础知识（第二版）》的配套习题册，根据中等职业技术学校建筑类专业学生的特点，并参照国家相关职业标准和行业岗位技能鉴定规范编写。

本习题册按照教材章节顺序编写，主要内容包括：直流电路、直流电路分析、交流电路、三相交流电路、变压器与电动机、电子技术基础知识、直流电源及晶闸管电路等；设有填空题、判断题、简答题、计算题等题型，供学生课后练习使用。

本习题册由田敏霞任主编，朱军任副主编，李永忠、金小娟、李晓敏、孙少军参加编写；由胡玉红任主审。

图书在版编目(CIP)数据

电工电子基础知识（第二版）习题册/田敏霞主编. —北京：中国劳动社会保障出版社，2015

全国中等职业技术学校建筑类专业教材

ISBN 978-7-5167-1837-7

Ⅰ.①电…　Ⅱ.①田…　Ⅲ.①电工技术-中等专业学校-习题集②电子技术-中等专业学校-习题集　Ⅳ.①TM-44②TN-44

中国版本图书馆 CIP 数据核字(2015)第 110891 号

中国劳动社会保障出版社出版发行

（北京市惠新东街 1 号　邮政编码：100029）

*

三河市潮河印业有限公司印刷装订　　新华书店经销

787 毫米×1092 毫米　16 开本　5.75 印张　135 千字

2015 年 6 月第 1 版　　2025 年 5 月第 10 次印刷

定价：10.00 元

营销中心电话：400-606-6496

出版社网址：http://www.class.com.cn

http://jg.class.com.cn

版权专有　　侵权必究

如有印装差错，请与本社联系调换：(010) 81211666

我社将与版权执法机关配合，大力打击盗印、销售和使用盗版图书活动，敬请广大读者协助举报，经查实将给予举报者奖励。

举报电话：(010) 64954652

目　　录

第一章 直流电路

第一节 电路的组成及其作用

一、填空题

1. 通常电路是由________、负载和__________三个基本部分组成。

2. 发电机将________、水能、核能等转换成电能，电灯将电能转换成______，电动机将电能转换成______。

3. 在电力电路中，电路用于实现__________________，在电子技术和非电量测量电路中，电路用于实现__________。

4. 在日常生活中，当人们在使用家用电器时，首先要将用电器接在供电线路上，接通电源开关，使用电器中有__________流过，用电器方能工作。

5. 把电源以外由__________和____________构成的电流通路称为外电路。

二、判断题

1. 电路就是电流流通的路径。 (　　)

2. 由于电路能实现能量的转换，所以一般是指延伸数千里的电力网。 (　　)

3. 电路有内、外电路之分，外电路通常是指负载。 (　　)

4. 在简化的电路图中，必须用国家统一规定的图形符号来表示电路中的各个元件。 (　　)

5. 干电池和蓄电池将机械能转换成电能。 (　　)

三、简答题

1. 在日常生活中我们常用到的电源有哪些？请举例说明。

2. 在电力电路和电子电路中，对电路的要求有什么不同？

3. 电路有哪两个主要作用？

第二节　电路基本物理量

一、填空题

1. 习惯上规定______移动的方向为电流方向，在金属导体中，形成电流的带电粒子是______，所以电路中电流的方向实际上与______移动的方向______。

2. 电流分______和______两大类。凡______________的电流称为稳恒直流电，简称______，用______表示；凡______________的电流称为________，简称______，用______表示。

3. 若 5 min 通过导体横截面的电荷量是 3 C，则导体中的电流是______A。

4. 电压是衡量________做功能力的物理量，而电动势是衡量________做功能力的物理量。

5. 电路中的某点与________的电压即为该点的电位，若电路中 a、b 两点的电位分别为 φ_a、φ_b，则 a、b 两点间的电压 U_{ab} = ______，U_{ba} = ______。

6. 电位的值与参考点有关，参考点的电位为______，高于参考点的电位取值______，低于参考点的电位取值______。

二、判断题

1. 每个电荷的带电量越多，电荷定向移动传导的电能将会越大。（　　）

2. 在电路中，电流的方向是从电源的正极到电源的负极。（　　）

3. 导体中的电流由电子流形成，故电子流动的方向就是电流的方向。（　　）

4. 测量电压时，应将仪表并联接在电路中，仪表的内阻越大，测量越准确。（　　）

5. 如果电压的大小及方向都不随时间变化，就简称为直流电压。（　　）

6. 电源将单位正电荷从电源的负极经过电源内部移到电源正极所做的功，称为电源电动势。（　　）

7. 在交流电路中，电动势只有大小随时间变化，为时间的函数，用小写字母 e 表示。（　　）

8．电流的国际单位是微安。 (　　)

9．一只小鸟停留在高压输电线上，不会触电致死是因为小鸟两脚之间的电压很小。 (　　)

10．图 1—1 中，图 b 是稳恒直流电的波形。 (　　)

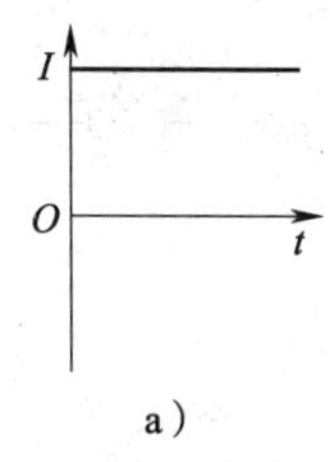

a）

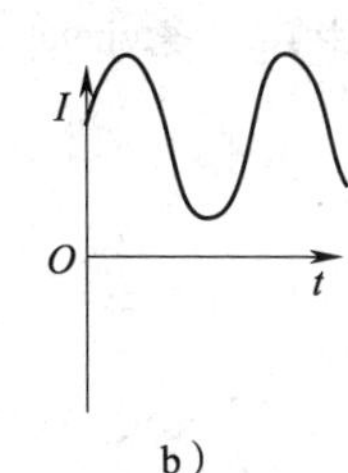

b）

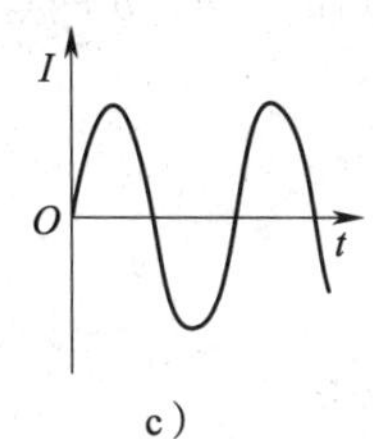

c）

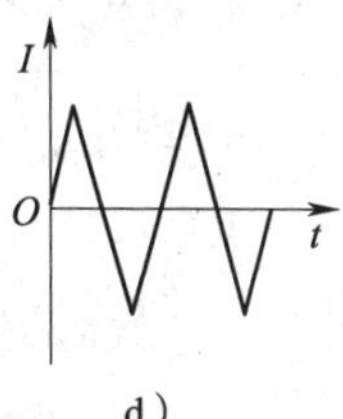

d）

图 1—1

三、简答题

1．什么是电流？简述直流电流与交流电流的区别。

2．如果某两点的电位很高，能否说明这两点的电压也很高？为什么？

3．简述电压、电位、电动势的区别。电源内部电荷移动和电源外部电荷移动的原因是否一样？为什么？

四、计算题

1. 电路如图 1—2 所示。

求：（1）a、b 两点的电位及 a、b 两点间的电压。

（2）当 a 点为参考点时，a、b 两点间的电压是多少？

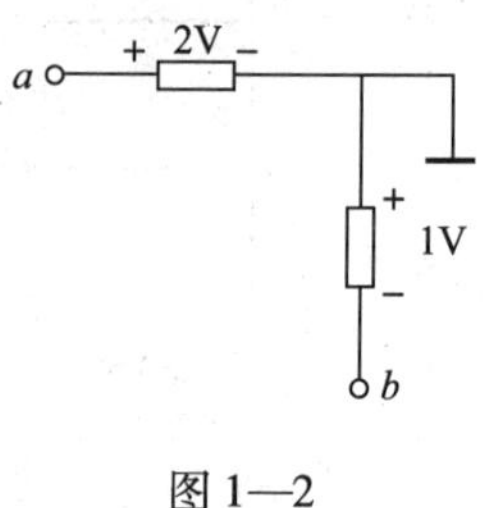

图 1—2

2. 如图 1—3 所示电路，已知 $U_{CO}=8$ V，$U_{CD}=6$ V。试分别以 D 点和 O 点为参考点，求各点的电位及 D、O 两点间的电压 U_{DO}。

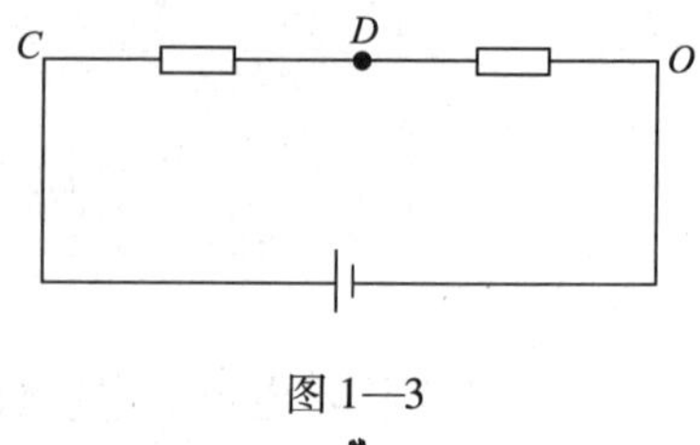

图 1—3

第三节 电　　阻

一、填空题

1. 导体的电阻跟导体的________成正比，跟导体的________成反比，并与导体的材料有关。

2. 通常在分析电路时，认为闭合的开关和导线的连接处电阻为________。

3. 接触部分被污染或由于腐蚀、过热产生氧化物，都会使接触电阻________。

4. 电阻器的主要参数有________、额定功率和________。

5. ________、________、________等物质都是绝缘材料，扁钢不是绝缘材料。

二、判断题

1. 电阻率表示物体的导电能力，电阻率越小，物体就越容易导电。（　　）

2. 距离较长的导线及电动机变压器等电气设备的绕组也有电阻，这个电阻会导致电气线路和设备发热。（　　）

3. 导体两端没有电压，导体仍然有电阻。（　　）

4. 绝缘体的绝缘电阻与长度成反比。（　　）

5. 两种导体由同种材料做成，它们的长度之比为2∶3，直径之比为1∶2，则它们的电阻之比为8∶3。（　　）

6. 如果铜的温度系数为正，则其电阻值随着温度的升高而升高。（　　）

三、简答题

1. 汽车冷却水温度表的工作原理是什么？

2. 什么是接地电阻？

四、计算题

1. 两根长度相同的铜线，其中一根直径为3.2 mm，另一根直径为6.4 mm，则前者的电阻是后者电阻的多少倍？

2. 如图1—4所示某电阻，前三环的颜色分别为黄、紫、橙，则此电阻值为多少Ω？

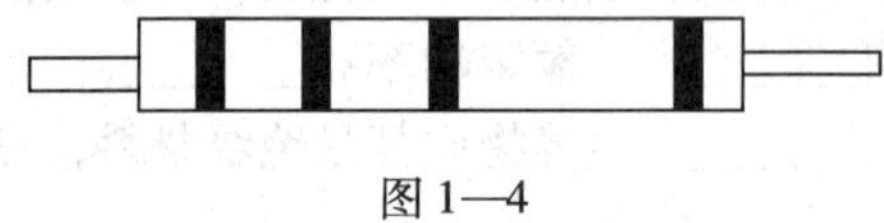

图1—4

3. 一均匀电阻丝的横截面的直径是d，电阻为R，把它均匀拉成直径为$\frac{1}{10}d$的细丝后，电阻变为多少？

第四节 欧 姆 定 律

一、填空题

1. 欧姆定律反映了电路中________、电流、________三个物理量的关系，是电工学中一个最基本的定律。

2. 通过导体的电流，与导体两端所加的电压成________，与导体电阻成________，称为部分欧姆定律。

3. 一般所讨论的电阻通常不涉及非线性电阻，但在电子电路中将会遇到____________、________等元件，其电阻常常为非线性的。

4. 人体的最小电阻为800 Ω，已知通过人体的电流超过50 mA时，就会引起呼吸器官的麻痹，不能自主摆脱电源，因此，人体安全工作电压应低于________。

5. 已知电炉丝的电阻是 44 Ω，通过的电流为 5 A，则电炉所加电压是________ V。

6. 电源电动势 $E = 4.5$ V，内阻 $r = 0.5$ Ω，负载电阻 $R = 4$ Ω，则电路中的电流 $I =$ ________ A，端电压 $U =$ ________ V。

二、判断题

1. 电源端电压随着负载电流 I 增大而减小。（　　）
2. 当电源的内电阻为零时，电源电动势的大小就等于电源端电压。（　　）
3. 当外电路断开时，即电源电动势在数值上等于外电路开路时的电源端电压。（　　）
4. 电路中有电压就有电流，有电流就有电压。（　　）
5. 电阻的大小与电压成正比，与电流成反比。（　　）

三、选择题

1. 图 1—5 给出了三个电阻的电流随两端电压变化的曲线，由曲线可知（　　）。

A. $R_1 > R_2 > R_3$　　B. $R_3 > R_2 > R_1$　　C. $R_3 > R_1 > R_2$　　D. 不确定

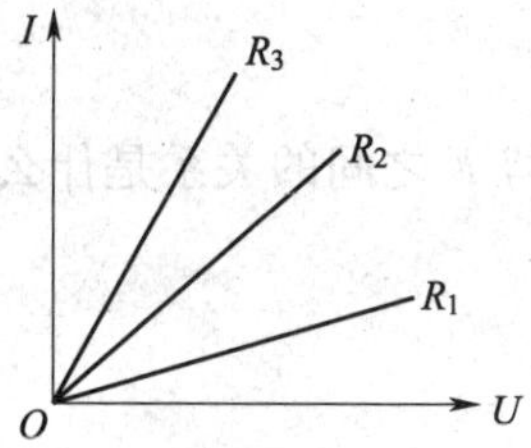

图 1—5

2. 某导体两端的电压为 3 V，通过导体的电流为 0.5 A，导体的电阻为 6 Ω；当电压改变为 6 V 时，则电阻为（　　）Ω。

A. 6　　B. 12　　C. 3　　D. 0

3. 有一直流电源，开路时测得其端电压为 6 V，短路时测得其短路电流为 30 A，则该电源电动势及内阻分别为（　　）。

A. 6 V，6 Ω　　B. 6 V，0.5 Ω　　C. 6 V，0.2 Ω　　D. 0 V，12 Ω

4. 图 1—6 所示为测量电流电动势 E 和内阻 R_0 时的端电压和电流的关系图线，根据图线可知 $E =$（　　）V，$R_0 = 0.5$ Ω。

A. 6　　B. 5　　C. 3　　D. 0

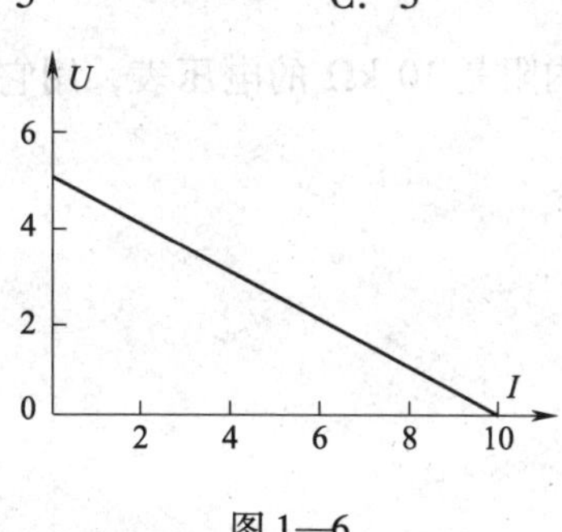

图 1—6

5．用电压表测得电路端电压为零，这说明（　　）。

A．外电路断路　　B．外电路短路　　C．外电路上电流比较小

四、简答题

1．什么是全电路欧姆定律？

2．什么是线性电阻？

3．电源端电压 U 与电源电动势 E 之间的关系是什么？

4．电源的外特性是什么？

五、计算题

1．有一个量程是 100 V、内阻是 10 kΩ 的电压表，用它测量电压时，允许通过的最大电流是多少？

2. 如图 1—7 所示，$R_1 = 10\ \Omega$，$R_2 = 20\ \Omega$，$R_3 = 30\ \Omega$，求 C 点的电位和流过各电阻的电流。

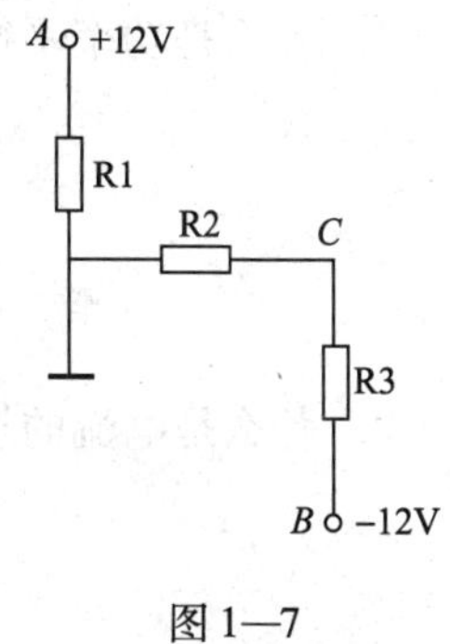

图 1—7

第五节　电功率与电功

一、填空题

1. 一个闭合回路中，电源电动势发出的功率________负载电阻消耗的功率和电源内阻消耗的功率之和。

2. 电流做功的过程实际上是__________转化为其他形式的能的过程。

3. 电阻中产生的热能大小与__________、__________和____________有关。

4. 电路中的电流大小由负载电阻决定，而负载获得的功率等于电源产生的功率减去电源内阻消耗的功率，符合____________________定律。

5. 有一个标有“1 kΩ，10 W”的电阻，允许通过的最大电流是______ A，允许加在它两端的最大电压是______V。

6. 电热器的电压是 220 V，通过的电流是 0. 18 A，通电 5 min，电流做的功是______，消耗的电能是______。

二、判断题

1. 功率越大的电器，电流做的功越多。（　　）

2. 两个额定电压相同的电炉，$R_1 > R_2$，因为 $P = I^2R$，所以电阻大的功率大。（　　）

3. 电流通过电动机驱动生产机械，从而将电能转化为光能。（　　）

4. 1 度电可供“220 V，40 W”的灯泡正常发光的时间是 25 h。（　　）

5. 将额定值为“220 V，40 W”的小灯泡接入 110 V 电压下，其实际功率为 20 W。（　　）

三、简答题

1. 什么是功率平衡？

2. 什么是电流的热效应？

3. 点亮的40 W白炽灯泡，用手靠近，感到很热；而正在运转的几千瓦的电动机，手摸外壳，却并不感到很热，这是为什么？

4. 产生电热的其他方法有哪些？

5. 什么是负载的额定值？

6. 根据欧姆定律可推出 $P=I^2R$ 和 $P=U^2/R$，因此，有人说功率跟电阻既成正比又成反比，这两个式子是否有矛盾？为什么？

四、计算题

1. 有一功率为 40 W 的电灯，每天照明使用的时间为 6 h，如果平均每月按 30 天计算，那么每月消耗的电能为多少度？合为多少 J？

2. 输电线的电阻共计 1 Ω，输送的电功率是 100 kW，用 400 V 的电压送电，输电线上损失的功率是多少？改用 10 kV 的高压送电，输电线上损失的功率又是多少？

第六节　电路的工作状态

一、填空题

1. 电路有三种工作状态，分别为___________状态、______状态和短路状态。

2. 开路可以分为________开路和________开路两种。

3. ____________________电源产生的功率全部消耗在内阻上，对外输送的功率为零。

4. 为了______________________________，通常在电源的输出端和用电设备的输入端装设熔断器。

5. 有载（通路）工作状态又可分为________、________和________状态。其中，________工作状态是最为理想的工作状态。

二、判断题

1. 通路状态下电源端电压小于电源电动势 E。（　　）

2. 电源短路时，短路电流很大，电源端电压也很高。（　　）

3. 控制性开路是利用控制电器（如开关 S），使电路处于开路状态或故障状态。（　　）

4. 当电路开路时，电源电动势的大小就等于电源端电压。（　　）

5. 短接状态是电路的故障状态。（　　）

三、简答题

1．有载（通路）工作状态的电路特征是什么？

2．设备超载或轻载运行时会产生什么后果？

第二章 直流电路分析

第一节 串 联 电 路

一、填空题

1. 在相同时间内通过电路导线任一截面的电荷数必须相等，即各串联电阻中流过的________相同。

2. 串联电路两端的总电压等于各电阻两端的电压之______。

3. 在串联电路中，电阻越__________，它所分配的电压也越大；反之，电压越小。

4. 若串联电池组是由 n 个电源电动势都是 E、内阻都是 r 的电池组成，则串联电池组的总电动势为____________。

5. 量程为 100 mV、内阻为 1 kΩ 的电压表，现用它来测量一个 6 V 的电压，应____联一个________ Ω 的电阻。

6. 有电阻 R1 和 R2，且 $R_1:R_2=1:4$，如果它们在电路中串联，则电阻上的电压比 $U_{R1}:U_{R2}=$ ____________，它们消耗的功率比 $P_{R1}:P_{R2}=$ ______________，电阻上的电流比 $I_{R1}:I_{R2}=$ ________________________。

7. 在实际电路中，用电设备一般不采用________连接，而是________接在电路中。

二、选择题

1. 给内阻为 9 kΩ、量程为 1 kV 的电压表串联电阻后，量程扩大为 10 V，则串联电阻阻值为（　　）kΩ。

A. 1　　B. 90　　C. 99　　D. 9

2. 下列（　　）不是串联电路的应用。

A. 构成分压器　　B. 扩大电流表量程

C. 获得较大阻值的电阻　　D. 限制和调节电路中的电流

3. 有两个灯泡，一个为“110 V，40 W”，另一个为“110 V，60 W”，串联后接在 220 V 电源上，两个灯泡（　　）。

A. 均能正常工作　　B. 40 W 正常工作，60 W 烧毁

C. 均不能正常工作　　D. 60 W 正常工作，40 W 烧毁

4. 三只电阻串联接在一直流电源上，已知三个电阻的关系为 $R_1>R_2>R_3$，则它们分配的电压关系为（　　）。

A. $U_1=U_2=U_3$　　B. $U_1>U_2>U_3$

C. $U_1<U_2<U_3$　　D. $U_2>U_1>U_3$

5．串联电池组的总内阻比一个电池的内阻（　　）。

A．小　　　　B．大　　　　C．相等　　　　D．没有关系

三、简答题

1．举例说明串联电路的应用。

2．若串联电池组是由 n 个电源电动势都是 E、内阻都是 r 的电池组成，则串联电池组的总电动势及内阻分别为多少？

四、计算题

1．电路如图 2—1 所示，电流表的读数为 0.2 A，电源电动势 $E_1 = 12$ V，外电路电阻 $R_1 = R_3 = 10\ \Omega$，$R_2 = R_4 = 50\ \Omega$，求 E_2 的大小。

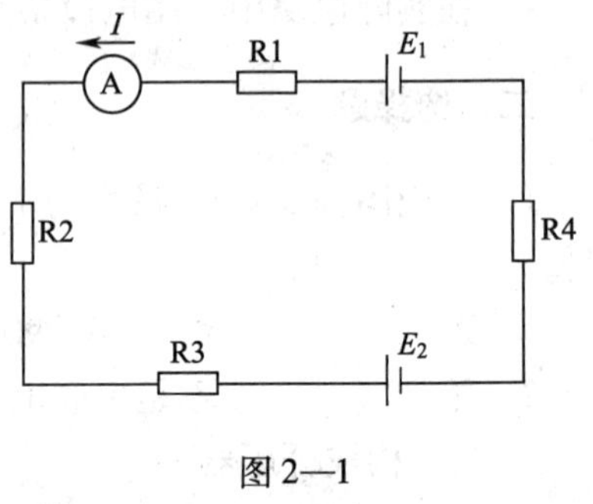

图 2—1

2．电路如图 2—2 所示，滑线变阻器滑动触头位于中间位置，计算该分压器输出电压 U_2为多少？

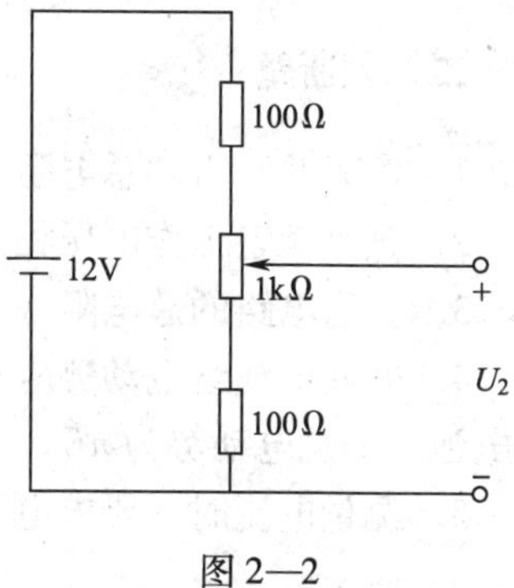

图 2—2

五、实验题

现有一台额定值为“220 V，1.5 kW”的电炉，设计一通过电阻调节电炉温度的电路，功率调节范围为 300 W ~1.5 kW（要求计算出参数）。

第二节　并 联 电 路

一、填空题

1．并联电路中____________相等。

2．并联电路的总电流________________各电阻中的电流之和。

3．并联电路中，支路电阻值越大，通过的电流就越________。

4．在电工测量中，常利用并联电阻的分流作用，在电流表两端________电阻以扩大电流表的量程。

5．有电阻 R1 和 R2，且 $R_1:R_2=1:4$，如果它们在电路中是并联，则电阻上的电压比 $U_{R1}:U_{R2}=$____________，它们消耗的功率比 $P_{R1}:P_{R2}=$__________________，电阻上的电流比 $I_{R1}:I_{R2}=$ ______________________。

6．一个1 000 μA的电流计表头，内阻为1 000 Ω，现要把它改装成为量程是3.0 mA的电流表，应该____。

二、判断题

1．电阻并联后的总电阻一定小于其中任何一个电阻值。 （ ）

2．凡是额定工作电压相同的负载都采用并联的工作方式。 （ ）

3．并联电路的总电阻（等效电阻）的倒数等于各并联电阻的倒数之和。 （ ）

4．并联电池组电动势应相同，设由 n 个电动势都是 E、内阻都是 r 的电池并联，则并联电池组的总电动势为 nE。 （ ）

5．测量电流时，要求电流表的内阻越大越好；测量电压时，要求电压表的内阻越小越好。 （ ）

6．图2—3所示的等效电阻 R_{AB} 为50 Ω。 （ ）

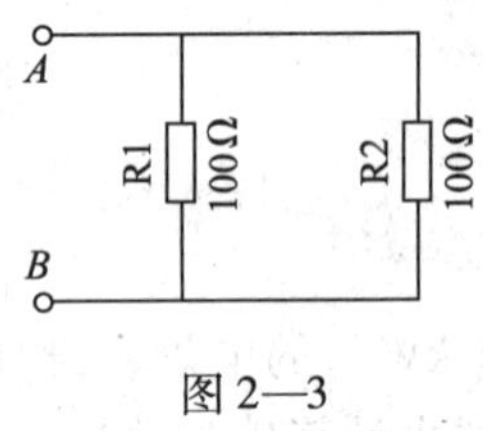

图2—3

三、简答题

1．举例说明并联电路有哪些应用。

2．并联电路中，任何一个负载的正常启动或关断对其他工作着的负载会不会发生影响？为什么？

四、计算题

1. 在图2—4中，电流表A1的读数为9 A，电流表A2的读数为3 A，$R_1=4\ \Omega$，$R_2=6\ \Omega$，计算总的等效电阻R是多少？电阻R_3是多少？

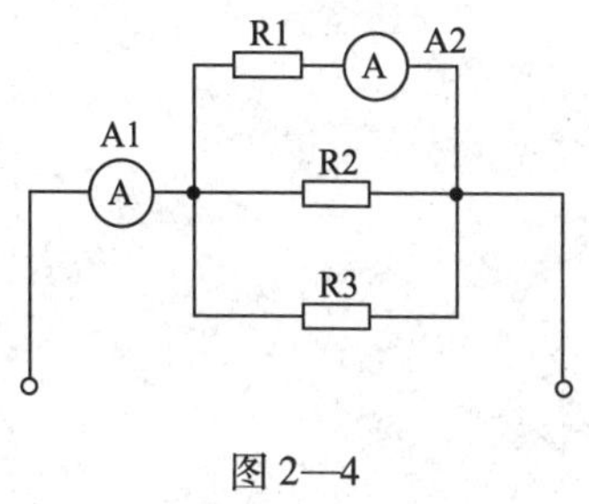

图2—4

2. 如图2—5所示，已知电源电动势$E=9$ V，内阻$r=0.3\ \Omega$，$R=0.9\ \Omega$，则电路中的电流I为多少？

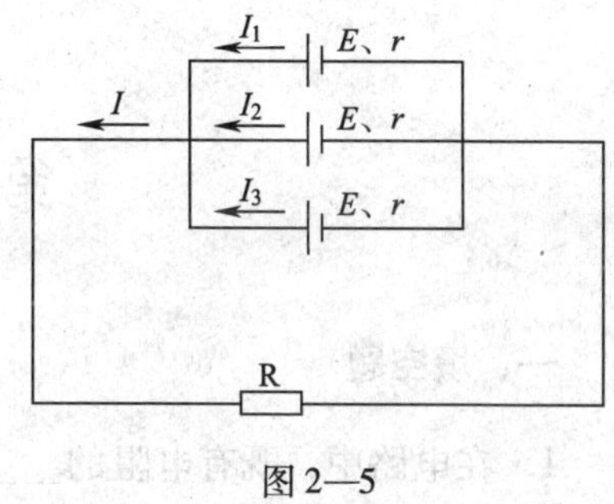

图2—5

五、实验题

设计一分流电路，将一个电阻 $R_g = 1\ k\Omega$、满偏电流 $I_g = 100\ \mu A$ 的表头改装成量程为 10 mA 的电流表（要求计算出参数值）。

第三节　混 联 电 路

一、填空题

1. 在电路中，既有电阻的__________，又有电阻的______________，这样的连接方式称为电阻的混联。

2. 混联电路的功率关系是______________________。

3. 计算电阻的混联电路时，首先利用____，然后再利用分压公式和分流公式求出各电阻上的电压和电流。

4. 如图 2—6 所示电路，$R_1 = R_2 = R_3 = R_4 = 10\ \Omega$，其两端等效电阻为________ Ω。

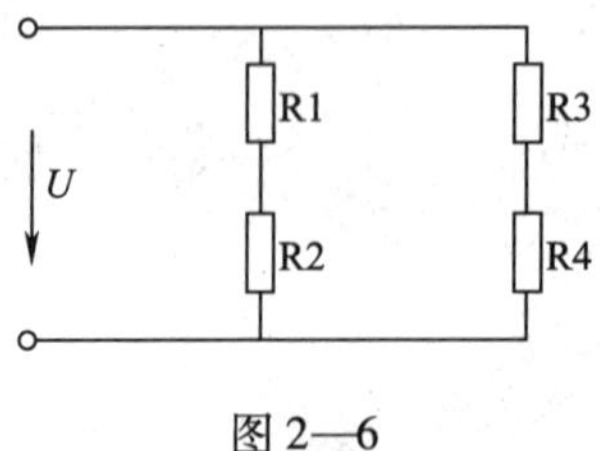

图 2—6

5．图 2—7 中，$R_1=R_2=R_3=5\ \Omega$，则电路两端的等效电阻为________ Ω。

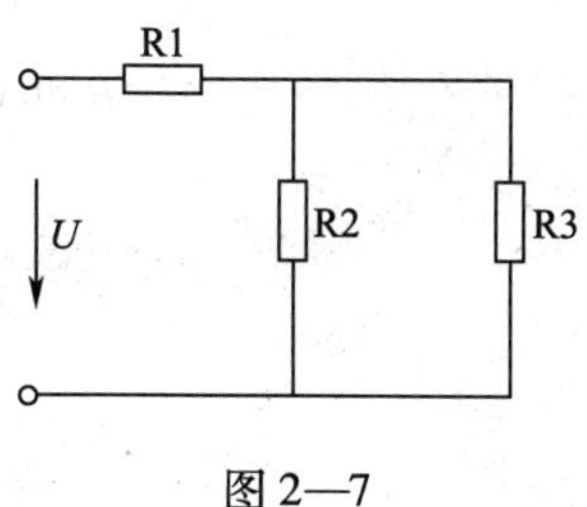

图 2—7

6．图 2—8 中，$R_1=R_2=R_3=5\ \Omega$，$R_4=R_5=10\ \Omega$，则 $R_{AB}=$________ Ω。

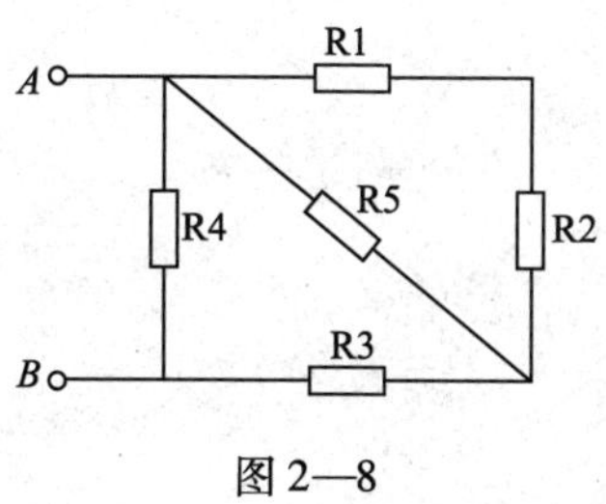

图 2—8

二、简答题

1．什么是电阻的混联？

2．如何判别某些较为复杂的电阻混联电路的电阻连接关系？

三、计算题

1．如图 2—9 所示，开关 S 断开及接通时，*A*、*B* 两点的电位分别为多少？

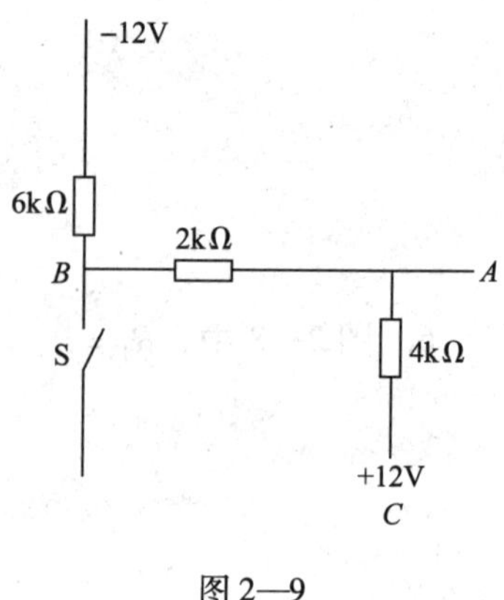

图 2—9

2．求图 2—10 电路中，*A*、*B* 端的等效电阻。

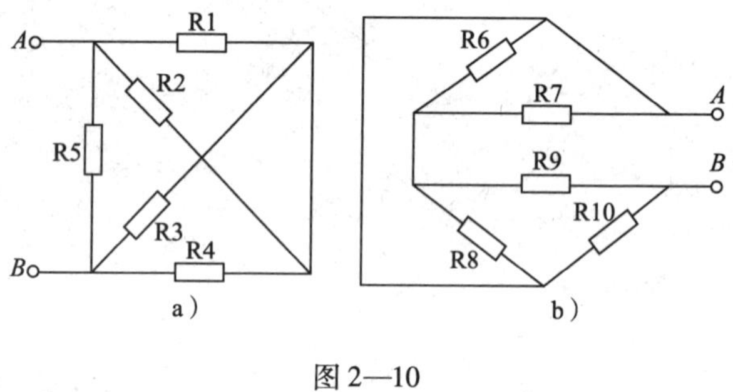

图 2—10

3．在图 2—11 中，已知 $U=36$ V，$R_1=80\ \Omega$，$R_3=20\ \Omega$，R_2为 0 ~ 60 Ω，试求当电阻器 R2 动触点滑到最上端和最下端时，总电流 I 分别是多少？

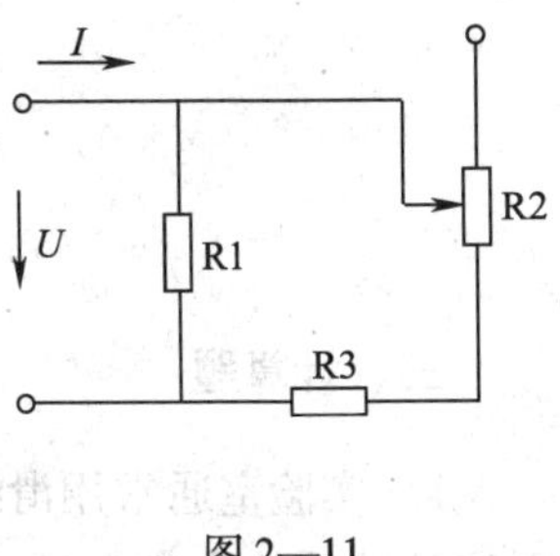

图 2—11

第四节　直 流 电 桥

一、填空题

1．电桥是测量技术中常用的一种电路形式，直流电桥的平衡条件是____。

2．不平衡电桥在______________________有着广泛的应用。

3．用电桥测出____________________的变化量，即可间接得知温度的变化量。

4．图 2—12 中，调整 R_1、R_2、R 三个已知电阻，直至检流计读数为________，这时称为电桥平衡。

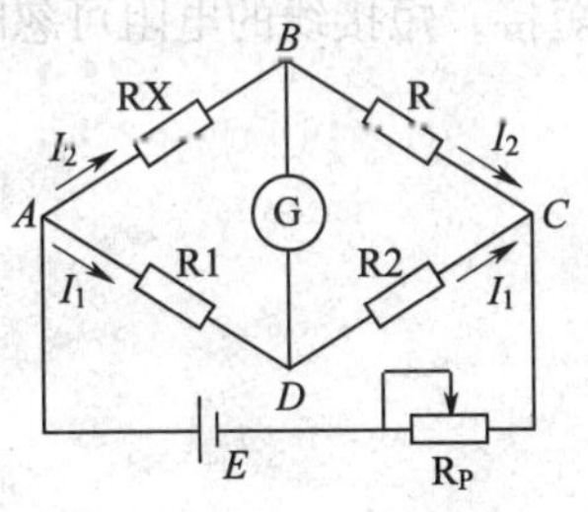

图 2—12

5．图 2—12 中，电桥平衡时，B、D 两点的电位________。

二、简答题

1．什么是电桥平衡？

2. 如何利用电桥测量质量?

三、计算题

1. 实验室通常用滑线式电桥测量未知电阻，如图2—13所示，当滑片滑到D点，灵敏电流计的读数为多少时，电桥处于平衡状态？若这时测得$L_1=40$ cm，$L_2=60$ cm，$R=10\ \Omega$，则R_X为多少？

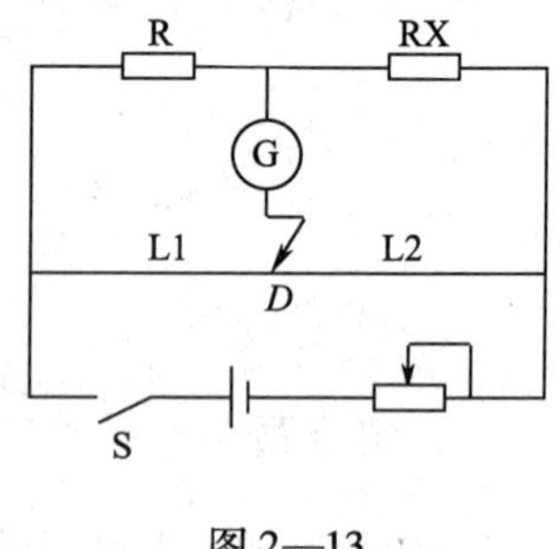

图2—13

2. 如图2—14所示是用来测定电缆接地故障点的电路，调节电阻RM与RN，当$R_M/R_N=1.5$时，电桥平衡。如果A与B之间的距离为$L=5$ km，求故障点P距A处多远（测试时，将B处平行的两根电缆线人为地短接，短接线的电阻可忽略不计)?

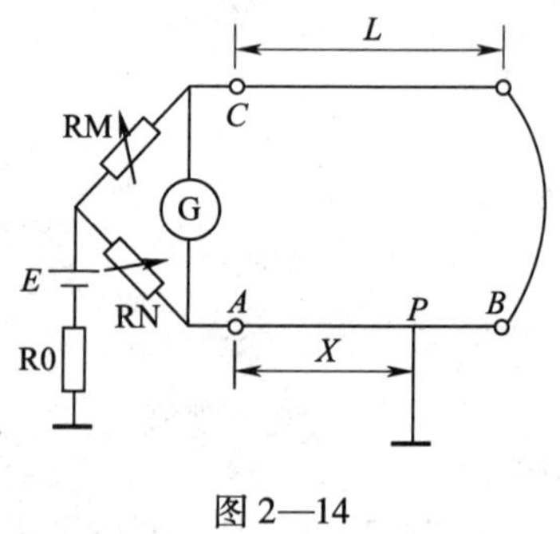

图2—14

第五节　基尔霍夫定律

一、填空题

1. 分析和计算复杂直流电路的方法有很多，但都是依据电路的两个基本定律——欧姆定律和____________________。

2. 支路是构成复杂电路的基本单元，它是由一个或几个元件构成，在同一条支路内，流过所有元件的____________相等。

3. 在每次所选用的回路中，如果至少包含一条未曾被其他回路选用的新支路，这些回路称为________________回路。

4. 根据________________原理，在低压供电系统（中性点接地的系统）中进行带电操作时，只要能做到良好的绝缘，并且在操作时不同时接触两根导线，就不会有电流流过人体。

5. 在电路的任何闭合回路中，各段电压的__________。

6. 支路电流法是以____________，依据基尔霍夫定律列出方程，然后解方程组得到各支路电流的数值。

7. 戴维南定理指出：对外电路来说，任何一个有源二端线性网络都可以用一个____________________来等效代替。

二、判断题

1. 判断一个电路是简单电路还是复杂电路，应根据定义进行，不能只看电路中元件的多少。（　　）

2. 不能用电阻串、并联化简的电路称为简单电路。（　　）

3. 电路中任一网孔都是回路，所以也可以认为任一回路都可以称为网孔。（　　）

4. 支路由一个或几个元件构成。（　　）

5. 根据电流的连续性原理，流入某节点的电流之和，等于流出该节点的电流之差。（　　）

6. 应用 KCL 定律时，首先必须在电路图上标明电流的实际方向，然后才能利用 KCL 定律列出相应的方程。（　　）

7. 在任何封闭的直流电路中，流入电路的电流等于流出该电路的电流。（　　）

8. 负载获得最大功率时，电源输出的效率也最大。（　　）

三、选择题

1. 如图 2—15 所示电路有（　　）个节点。

A. 2　　B. 3

C. 4　　D. 6

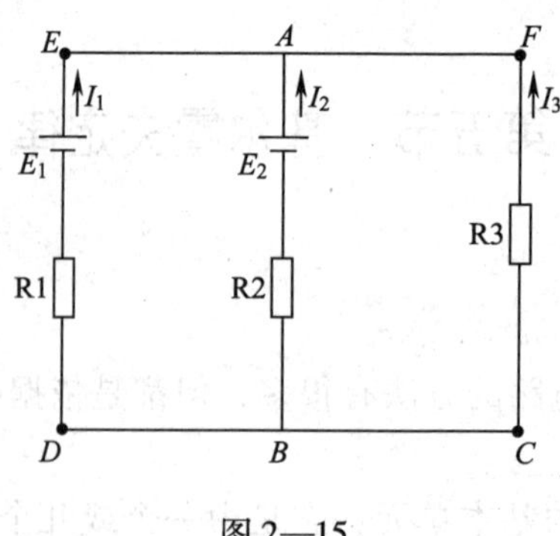

图 2—15

2．如图 2—16 所示，晶体三极管的三个管脚的电流关系为（　　）。

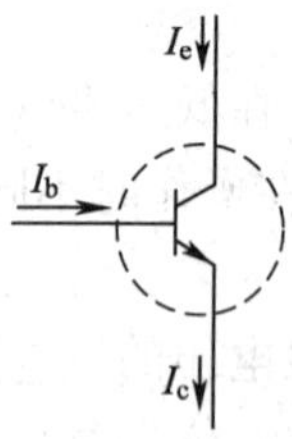

图 2—16

A．$I_b + I_c = I_e$　　　　B．$I_b + I_c + I_e = 0$

C．$I_b = I_c + I_e$　　　　D．无法确定

3．测得一个有源二端网络的开路电压为 120 V，短路电流为 3 A，当外接 20 Ω 负载时，负载电流为（　　）A。

A．2　　B．4　　C．6　　D．10

4．如图 2—17 所示的电路中，当 *A*、*B* 间接入电阻 R 为（　　）Ω 时，其将获得最大功率。

A．4　　B．7　　C．8　　D．10

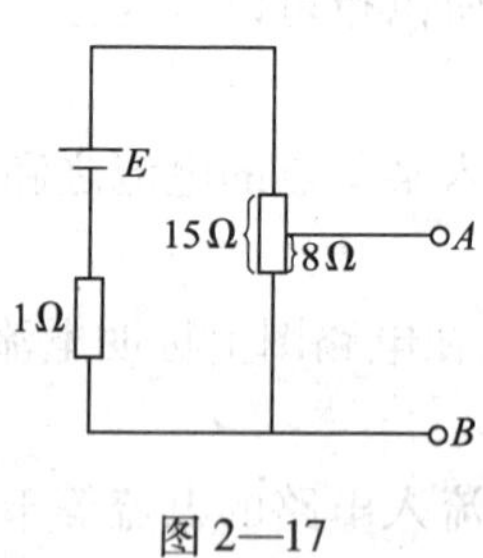

图 2—17

四、简答题

1．基尔霍夫定律的内容和表达式各是什么？

2．在图 2—18 所示电路中，支路数、节点数和独立回路数各为多少？

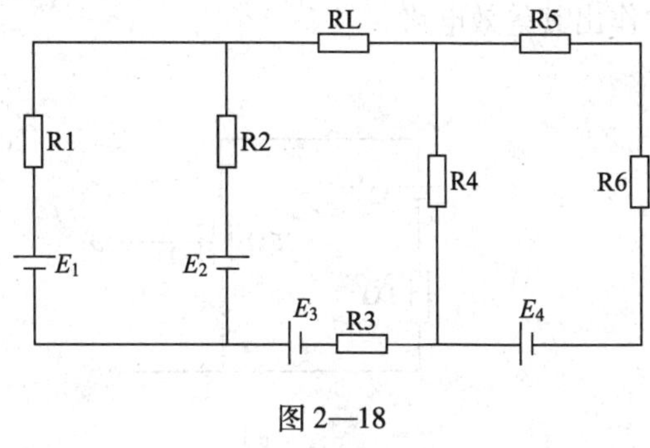

图 2—18

五、计算题

1．图 2—19 所示为某电路的一部分，已知 $I = 20$ mA，$I_2 = 12$ mA，$R_1 = 1$ kΩ，$R_2 = 2$ kΩ，$R_3 = 10$ kΩ，求电流表 A4 和 A5 的读数。

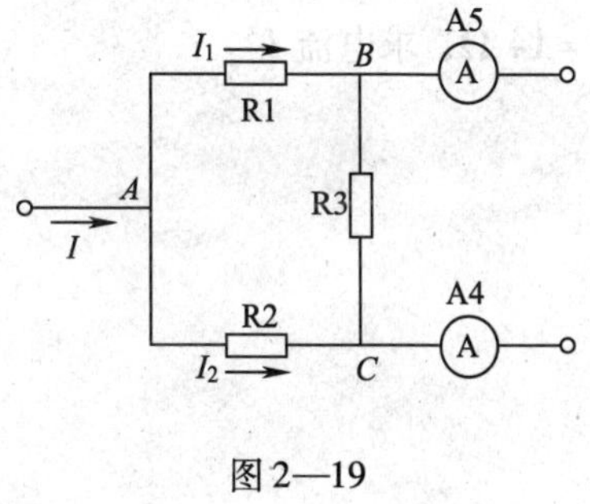

图 2—19

2．求如图 2—20 所示的各电路 a、b 两点间的开路电压和相应的网络两端的等效电阻，并作出其等效电路。

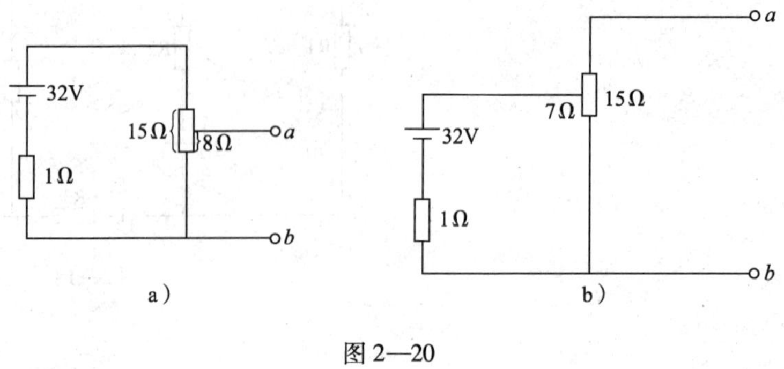

图 2—20

3．在图 2—21 所示的电路中，已知 $E=12$ V，$R_1=10$ Ω，$R_2=3$ Ω，$R_3=5$ Ω，$R_4=20$ Ω，$R=14$ Ω，求电流 I。

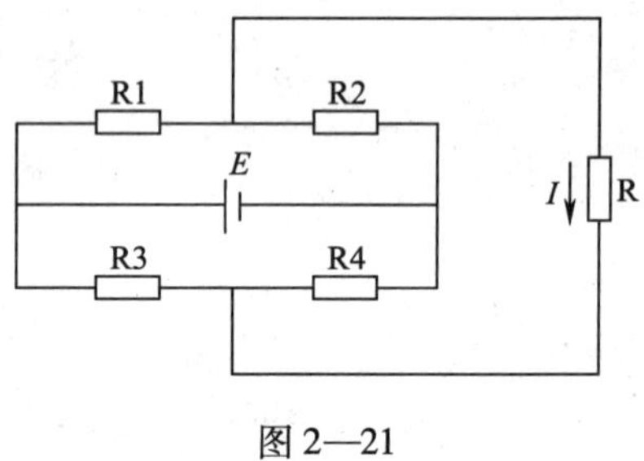

图 2—21

4. 在图 2—22 所示的电路中，已知 $E_1=10$ V，$E_2=20$ V，$R_1=4$ Ω，$R_2=2$ Ω，$R_3=8$ Ω，$R_4=6$ Ω，$R_5=6$ Ω，求通过 R4 的电流 I_4。

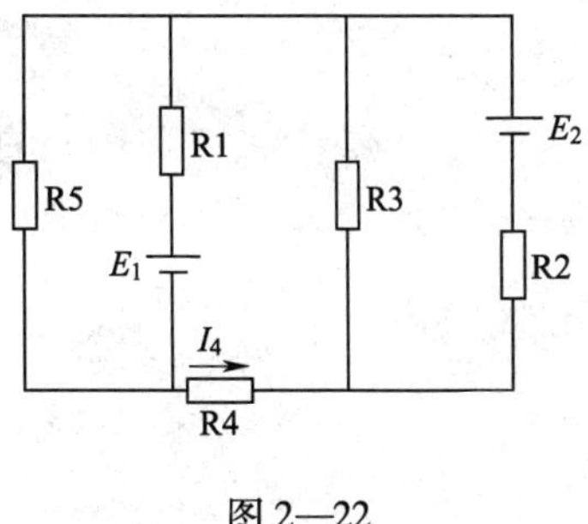

图 2—22

5. 一个半导体收音机，原匹配“0.5 W，8 Ω”的扬声器，如果换成“0.5 W，4 Ω”的扬声器，则收音机的声音将变大、变小还是不变？为什么？

第三章　交流电路

第一节　电磁现象

一、填空题

1. 电和磁是两种有着内在联系、密不可分的物理现象，“____________”，电磁相生是对电磁现象形象的描述。

2. 磁体分两极，当两个磁极靠近时，它们之间会产生作用力，同名磁极相互________，异名磁极相互________。

3. 磁感线是一条闭合曲线，在磁体外部由________指向________，在磁体内部由________指向________。

4. 运动电荷的周围都存在着磁场，磁场归根结底都是__________________产生的。

5. 把通电导体在磁场中受到的力称为__________，其方向可用______来判断。

6. 发电机的工作原理是导体在磁场中切割磁力线产生感应电动势，用________________判断感应电动势的方向。

7. 根据相对磁导率的大小，可把物质分为______、______和______三类，工程上常用来做铁芯材料的是____________。

8. 与导体的电阻相似，磁路中磁阻的大小与磁路的__________成正比，与磁路的____________________成反比，并与组成磁路材料的磁导率有关。

9. 为了使母线不致因______________________________，每间隔一定间距就要安装一个绝缘支柱，以平衡电磁力。

10. 将通过线圈的磁通与电流的比值叫作______________，简称电感。

11. 涡流的热效应在电动机和变压器等设备中是________，它会使铁芯发热，造成涡流损耗。

12. 利用线圈同名端，可以很容易判断______________，以及了解线圈的绕向。

二、判断题

1. 如果通过某截面上的磁通为零，则该截面上的磁感应强度也为零。（　　）
2. 有电流必有磁场，有磁场也必有电流。（　　）
3. 通电线圈的匝数越多，电流越大，磁场越强，磁通也就越多。（　　）
4. 当磁通发生变化时，导体或线圈中就会有感应电流产生。（　　）
5. 感应电流产生的磁通方向总是与原磁通方向相反。（　　）
6. 载流直导体在磁场中的受力方向可以用左手定则来判别。（　　）

7. 磁导率越大，物质的导磁性能也就越强。 (　　)

8. 通常在含有大电感的设备中都装有灭弧装置。 (　　)

9. 铁芯电感线圈的电感量是常数。 (　　)

10. 当两个线圈相互垂直时，互感电动势最小。 (　　)

11. 电气设备中的铁芯起着增加磁通和为磁通规定路线的作用。 (　　)

12. 自感现象是电磁感应的一种，它是由线圈本身电流变化而引起的。 (　　)

三、选择题

1. 在条形磁铁中，磁性最强的部位在（　　）。

A. 整体　　B. 中间　　C. 两极　　D. 以上都对

2. 铁、铜、空气分别属于（　　）。

A. 顺磁物质、反磁物质、铁磁物质

B. 铁磁物质、反磁物质、顺磁物质

C. 铁磁物质、顺磁物质、反磁物质

3. 线圈中磁场变化产生感应电动势的大小正比于（　　）。

A. 磁通变化率　　B. 磁通变化量　　C. 磁感应强度　　D. 磁通

4. 判断电流产生磁场的方向是用（　　）。

A. 右手定则　　B. 左手定则　　C. 安培定则　　D. 楞次定律

5. 运动导体在切割磁力线而产生最大感应电动势时，导体与磁力线的夹角为（　　）。

A. 0°　　B. 45°　　C. 90°　　D. 60°

6. 通电线圈中插入铁芯后，它的磁场将（　　）。

A. 增强　　B. 减弱　　C. 不变　　D. 不定

四、简答题

1. 什么是磁感应强度？

2. 磁路欧姆定律的内容是什么？

3. 简述荧光灯的工作原理。

4．简述汽车点火电路的工作原理。

五、综合分析题

1．在图 3—1 中标出电流产生的磁场方向或电源的正负极性。

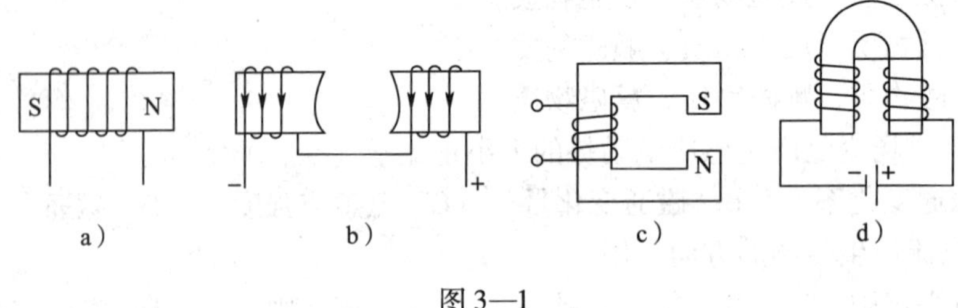

图 3—1

2．确定图 3—2 中载流导体所受的电磁力方向。

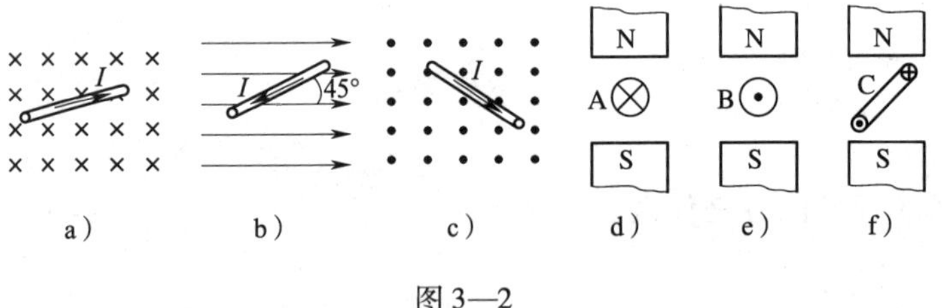

图 3—2

3. 在图 3—3 中，判断并标明电流磁场方向或小磁条转动方向。

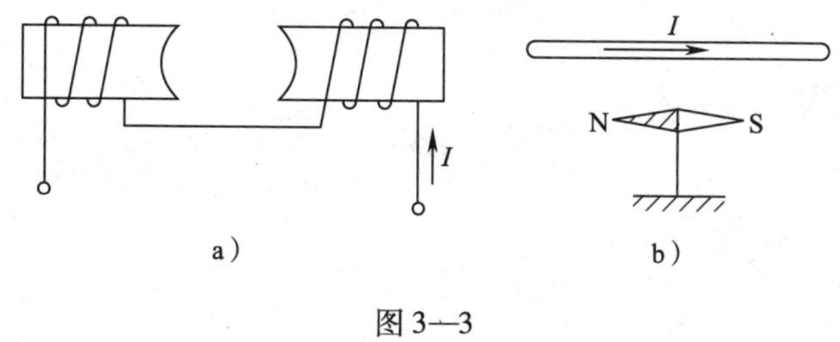

图 3—3

4. 欲使通电导体所受电磁力的方向如图 3—4 所示，应如何接入电源？

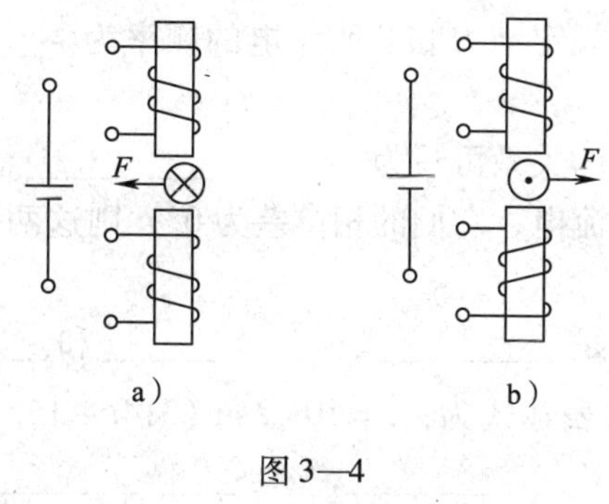

图 3—4

5. 平面磨床的电磁工作台在工件加工完毕后，需要在励磁线圈中通入短暂的反向电流才能取下工件，试解释原因。

6. 在检修高压整流设备时，为什么在切断电源后，还需要将滤波电容先短接一下？

第二节　正弦交流电的基本概念

一、填空题

1. 把大小和方向随时间按__________________的电压和电流称作正弦交流电压和正弦交流电流。

2. 在电力系统中，国家规定动力和照明用电的频率为________ Hz，习惯上称为工频，对应的周期是________ s。

3. 角频率与周期、频率的关系可写为__________________。

4. 有两个同频率正弦交流电，它们的相位差为0°，则这两个正弦交流电之间的相位关系是____________。

5. 正弦交流电的三要素是__________、____________和____________。

6. 有一正弦交流电流的表达式为：$i=10\sqrt{2}\sin(314t-15°)$ A，则该电流的 $I=$____，$I_m=$______，$f=$________，$T=$__________，$\omega=$____________，相位 =__________，初相位 =____________。（请写明单位）

二、判断题

1. 交流电动机比同功率的直流电动机性能好，效率高，成本低，但结构复杂、使用维护不方便。（　　）

2. 我们平时所说的照明用交流电压是220 V，动力供电线路的电压是380 V，是指最大值。（　　）

3. 周期和频率都是衡量交流电变化快慢的物理量，周期越短或频率越高则表示交流电变化越快。（　　）

4. 相位是随时间变化的，它决定了正弦交流电瞬时值的大小和正负。（　　）

5. 同频率正弦量的相位差不随时间变化，仅由它们的初相位决定。（　　）

6. 两个同频率交流电的相位之差叫作相位差。（　　）

三、选择题

1. 测量电路电流时，在仪表中显示的数值是（　　）。

A. 最大值　　B. 有效值　　C. 平均值　　D. 瞬时值

2．两个频率相同的正弦量计时起点不同时，它们的相位和初相位不同，但它们之间的相位差（　　）。

A．变大　　B．减小　　C．不定　　D．不变

3．有两个同频率正弦交流电，它们的相位差为0°，则这两个正弦交流电之间的相位关系是（　　）。

A．同相　　B．反相　　C．正交　　D．滞后

4．在（　　）相同的情况下，才能比较正弦量的相位关系。

A．有效值　　B．初相　　C．频率　　D．相位

5．在正弦交流电中，周期 T、频率 f、角频率 ω 三者间的关系是（　　）。

A．$\omega=2\pi/T$　　B．$T=2\pi/\omega=2\pi f$

C．$f=2\pi/T=1/\omega$　　D．$\omega=2\pi/f=2\pi T$

6．已知 $u_1=10\sin(100\pi t-30°)$ V，$u_2=30\sin(100\pi t+30°)$ V，则（　　）。

A．u_2超前 u_1 60°　　B．u_2滞后 u_1 60°

C．u_2与 u_1同相　　D．u_2与 u_1反相

四、简答题

1．交流电的优点有哪些？

2．电能与其他能量之间如何相互转换？

3．把一个额定电压为220 V的电灯泡，分别接在 $u=220\sin(314t+30°)$ V的交流电源上和220 V的直流电源上，电灯发光有没有区别？哪个灯泡亮？

4．一只耐压值为300 V的电容器，能否接在 $U=220$ V的交流电源上？为什么？

五、计算题

1. 电阻电路中电压有效值为 20 V，电阻为 4 Ω，则通过电阻的电流最大值为多少？

2. 已知电流 $i_1=36\sin(314t+120°)$ A，$i_2=24\sin(314t-120°)$ A，$i_3=12\sin314t$ A，试比较它们之间的相位关系。

第三节　正弦交流电的相量图表示法

一、填空题

1. 正弦量能够用__________、____________和相量图等方法表示。
2. 工程上广泛采用相量表示法来______________________________。
3. 旋转矢量的三个特征是________、__________和____________________。
4. 在任一瞬间，旋转矢量在纵轴上的投影就是____________________。
5. 对____，采用波形图和解析式两种方法都很不方便。
6. 用相量表示正弦交流电后，它们的加减计算可以按____________________进行。

二、简答题

1. 什么是相量图表示法？

2. 已知两个相量的相位差不是90°时，应用什么方法求合成的相量？

三、作图题

1. 已知 $i_1=3\sin(\omega t+120°)$ A，$i_2=4\sin(\omega t+30°)$ A，求 $i=i_1+i_2$，并画出相量图。

2. 已知三个正弦量为：$i_1=4\sqrt{2}\sin(\omega t+60°)$ A，$i_2=3\sqrt{2}\sin(\omega t-30°)$ A，$i=5\sqrt{2}\sin(\omega t+23°)$ A，试画出它们的相量图。

第四节　交流电路的常用负载元件

一、填空题

1. 电容器是由两片________________________构成。电容量是衡量电容器储存________本领的物理量。

2. 电容器的__________表示电容器的漏电性能，它在数值上等于加在电容器两端的电压除以漏电流。

3. 电感元件就是由__________________，在电路中的作用就是产生磁场，储存________________。

4. 当线圈中通过电流时，在线圈周围就产生了磁场，此时_________转化为磁场能量储存在线圈中。

5. 线圈中流过的电流越大，产生的磁场就______，储存的磁场能量就越多。

二、判断题

1. 虽然分布电容（或寄生电容）的数值比较小，但有时却可能对线路和设备造成有害的影响。 （ ）

2. 电容器损耗与介质的种类和外施电压的频率无关。 （ ）

3. 只有成品电容器中才有电容量。 （ ）

4. 铁芯电感线圈的电感量是常数。 （ ）

5. 交流电磁铁在使用中，励磁电流随空气隙的增大而增大。 （ ）

三、简答题

1. 简述电容的充电过程。

2. 电容器的性能参数有哪些？

3. 电磁铁一般由哪三个主要部分组成？

4. 如果交流电磁铁的衔铁在吸合过程中被卡住，会出现什么现象？为什么？应采取什么措施？

第五节　单一参数作用下的正弦交流电路

一、填空题

1. 在实际电路中，电阻、____________、____________三个参数往往同时存在，大多数负载都是由电阻和电感元件组成的。

2. 在纯电阻正弦交流电路中，电流、电压的__________、__________及有效值与电阻R之间的关系均符合欧姆定律。

3. 在纯电感电路中，电感线圈两端的电压的相位____________电流相位90°，感抗是表示的____________物理量，其值 $X_L=$____________，单位是______。

4. 纯电感电路瞬时功率为正，说明纯电感____________电能；为负，说明纯电感____________电能，平均功率为零。

5. 把电容器接到正弦交流电路中，由于电流方向不断变化，所以电容器不断被充放电，电路中有电流通过，这就是电容器__________________的作用。

6. 容抗反映____________________________________，其值 $X_C=$____________，单位是__________________。

二、判断题

1. 由于电流与电压同相，所以瞬时功率总是正值，表明电阻总是在消耗功率。（　　）

2. 感抗是反映电感线圈对直流电流阻碍作用大小的物理量。（　　）

3. 容抗与频率成反比，它具有隔直流通交流、阻低频通高频的特点。（　　）

4. 无功功率反映的是储能元件与外界能量交换的规模，即平均功率为零，所以是无用功率。（　　）

5. 纯电感电路中，电压和电流的瞬时值的大小关系符合欧姆定律。（　　）

三、选择题

1.（　　）组成的线路不是纯电阻电路。

A. 白炽灯　　B. 电炉　　C. 电烙铁　　D. 荧光灯

2. 某正弦交流电路如图3—5所示，电路中电压和电流分别为：$u=311\sin(314t+60°)$ V，$i=5\sqrt{2}\sin(314t+60°)$ A，则该电路为（　　）参数电路。

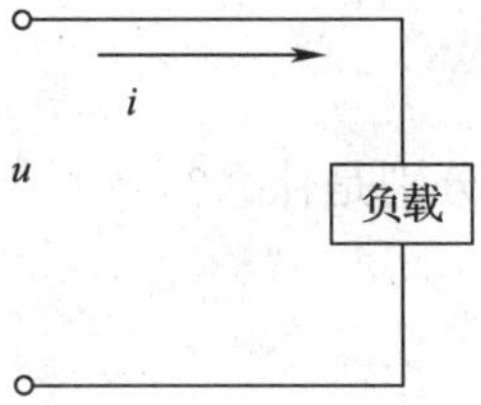

图3—5

A. 纯电阻　　B. 纯电感　　C. 纯电容　　D. RL 串联

3. 电感线圈具有（　　）的作用。

A. 通直流　　B. 通交流　　C. 通高频　　D. 阻低频

4. 在纯电容电路中，下列说法正确的是（　　）。

A. 电压在相位上滞后电流 90°

B. 任何时刻电压与电流在数量上都满足欧姆定律

C. 电容是储能元件

D. 电容具有通交流隔直流的作用

5. 如图 3—6 所示，三个灯泡均能正常发光，当电源电压不变，频率 f 变小时，灯的亮度变化情况是（　　）。

A. HL1 不变，HL2 变暗，HL3 变暗

B. HL1 不变，HL2 变亮，HL3 变暗

C. HL1 变亮，HL2 变亮，HL3 变暗

D. HL1 变亮，HL2 不变，HL3 变暗

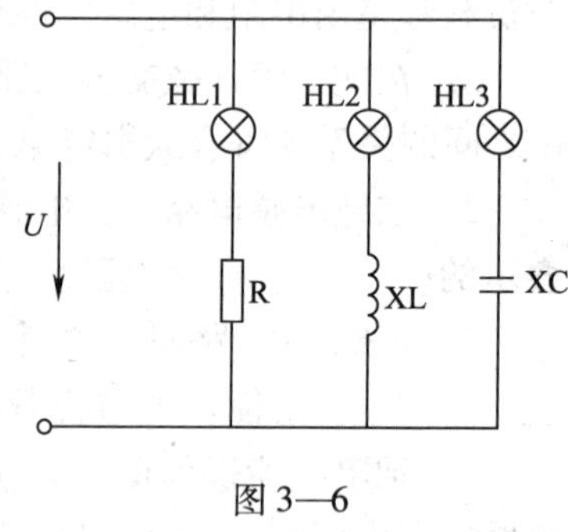

图 3—6

四、简答题

1. 纯电阻电路中，电压与电流的关系是什么?

2. 电感线圈具有哪些特点?

3. 简述电容器在不同电路中的作用。

4. 有功功率和无功功率的含义分别是什么?

五、计算题

1．一个 88 Ω 的电阻接在 $u=311\sin(314t+90°)$ V 的电源上，求通过该电阻的电流大小。写出电流的瞬时值表达式，并求出电阻消耗的功率。

2．已知一电感线圈的感抗是 128 mH，将其接入电压 $u=50\sqrt{2}\sin(314t+90°)$ V 的电源上，求电感线圈的感抗，电路中的电流和无功功率，并写出电流的瞬时值表达式。

3．已知一电容器的容量为 127 μF，接在电压 $u=311\sin(314t+60°)$ V 的电源上，求电容器的容抗大小，电路中的电流和无功功率，并写出电流的瞬时值表达式。

第六节　电阻、电感串联电路

一、填空题

1. 阻抗 Z 取决于电路的__________________，与总电压和总电流的大小无关。

2. RL 串联电路中既有能量的消耗__________，也有能量的转换___________。

3. 电阻、电感串联电路中，有功功率的大小不仅取决于电压 U 和电流 I 的乘积，还与_________________的大小有关。

4. RL 串联电路中储能元件为_____________，其本身不消耗功率，但与电源之间存在能量的交换，这种能量交换的规模就是无功功率。

5. RL 串联电路中总电压和总电流的有效值乘积，称为_________，它表示电流输出的功率，用 S 表示。

二、判断题

1. RL 串联电路阻抗角的大小由 R、L 两元件的参数所决定。（　　）

2. 在 RL 串联电路中，电阻 R 和电感 L 上的电压一定小于总电压。（　　）

3. 在 RL 串联电路中，其他条件不变，增大电源频率时，电路中电流将增大。（　　）

4. 串联交流电路的电压三角形、阻抗三角形、功率三角形都是相似三角形。（　　）

5. 当电流供给同样大小的电压和电流时，$\cos\varphi$ 大，有功功率就大；$\cos\varphi$ 小，有功功率就小。（　　）

三、选择题

1. 日光灯电路中，测得灯管电阻 $R=250\ \Omega$，镇流器电阻 $R=50\ \Omega$，感抗 $X_L=460\ \Omega$，电源电压 $U=220$ V，则电路的电流为（　　）A。

A. 0.47　　B. 0.42　　C. 0.4　　D. 0.49

2. 测得某电路网络的端口电压 $u=100\sqrt{2}\sin(314t-\pi)$ V，$i=10\sqrt{2}\sin314t$ A，则该电路的有功功率为（　　）W。

A. 0　　B. 1 000　　C. 1 414　　D. 100

3. 如图 3—7 所示，当开关 S 合上时，电流 I 的变化为（　　）。

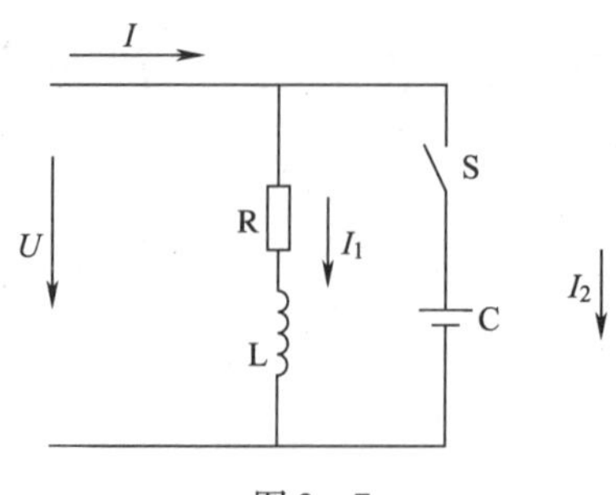

图 3—7

A. 增大　　B. 减少　　C. 不变　　D. 不定

4. RL 串联电路中，电阻上的电压为 3 V，电感上的电压为 4 V，则电路两端电压大小为（　　）V。

A. 0　　B. 7　　C. 5　　D. 1

5. 在 RL 串联电路中，由于阻抗角（　　），电压超前电流，电路呈电感性电路。

A. 等于 0　　B. 大于 0　　C. 小于 0　　D. 等于 1

四、简答题

1. 简述 RL 串联电路中总电压与电阻电压、电感电压的大小关系。

2. 电压三角形、阻抗三角形及功率三角形间有什么区别和联系？

五、计算题

1. 日光灯电路，若已知灯管电阻为 300 Ω，镇流器感抗为 500 Ω（镇流器电阻忽略不计），将其接在 $U=220$ V、$f=50$ Hz 的交流电源上，试计算：（1）日光灯电路中的电流；（2）灯管两端的电压和镇流器两端的电压；（3）日光灯电流中的有功功率、无功功率、视在功率。

2. 某线圈接入48 V直流电源中，电流为8 A，改接到频率为50 Hz、$U=200$ V的交流电源中，测得电流为20 A，试求该线圈的电阻R及电感L各为多少？

3. 为了测量某电感线圈的参数，把该线圈接在电压$u=220\sqrt{2}\sin 314t$ V的电源上，用电流表测得通过它的电流为4 A，用功率表测得它消耗的功率为560 W，试求该线圈的电阻R和电感L。

第四章　三相交流电路

第一节　三相交流电源

一、填空题

1. 将________、__________、_____________的三相正弦交流电动势称为对称三相电动势。

2. 三相电动势达到正的最大值的先后次序称为________。

3. 三相交流电路在实际应用中，规定各相用相色加以区分，第一相（U 相）______，第二相（V 相）______，第三相（W 相）______。

4. 三相交流电源绕组的连接有__________和__________两种。

5. 由三根和一根构成的供电系统称为三相四线制系统，该供电系统可以输出两种电压，即______和____________，它们的数值关系是____________。

6. 在实际应用中，三相变压器绕组有两种接法，但在连接前必须____________________________________。

二、判断题

1. 把达到最大值的先后顺序为 U－V－W－U 的相序称为负序。（　　）
2. 通过改变搅拌机的电源相序可改变其转动方向。（　　）
3. 两根相线间的电压称为相电压。（　　）
4. 三相二线制通常多在中、低压输配电线路中采用。（　　）
5. 对称三相电动势的和等于零。（　　）
6. 三相电源作三角形联结时，线电压就是相电压。（　　）

三、选择题

1. 对称三相电源电动势的特点是大小相等、频率相同、相位互差（　　）。

A. 120°　　B. 130°　　C. 180°　　D. 90°

2. 三相四线制电路中，线电压为相电压的（　　）倍。

A. 3　　B. 2　　C. $\sqrt{2}$　　D. $\sqrt{3}$

3. 低压三相四线制电路中，三相对称电动势的相量和为（　　）V。

A. 380　　B. 220　　C. 0　　D. 110

4. 在工程中，U、V、W 三相分别用（　　）颜色表示。

A. 黄、绿、红　　B. 红、绿、黄　　C. 绿、黄、红　　D. 黄、绿、蓝

5. 如果三相电动势对称，则三角形联结中闭合回路的总电动势为（　　）V。

A. 0　　B. 220　　C. 110　　D. 380

四、简答题

1. 三相交流电源有哪些优点？

2. 交流电有极其广泛的应用，常采用的高压输电、低压配电有哪些好处？

3. 采用三角形联结的发电机绕组，如果有一相绕组接反了，后果会如何？

五、计算及分析题

1. 已知作星形联结的对称三相电源中，U 相电动势的瞬时值 $U=220\sqrt{2}\sin(\omega t-30°)$ V，试写出正序时其他两相的瞬时表达式，并画出波形图和相量图。

2. 有一台三相交流发电机，每相绕组额定电压为 220 V，绕组接成星形，用电压表测量发现，三个相电压都是 220 V，但线电压 $U_{UV}=U_{VW}=220$ V，$U_{WU}=380$ V，试分析何处出现错误。

第二节　三 相 负 载

一、填空题

1. 通常把各相的________、________、________性质相同的三相负载称为三相对称负载。

2. 对三相不对称星形负载供电，必须采用________。

3. 某对称三相负载，每相负载的额定电压为 220 V，当电源的线电压为________时，负载应作三角形联结，当电源的线电压为________时，负载应作星形联结。

4. 如图 4—1 所示对称三相负载，若电压表 PV1 的读数为 380 V，则电压表 PV2 的读数为________；若电流表 PA1 的读数为 10 A，则电流表 PA2 的读数为________。

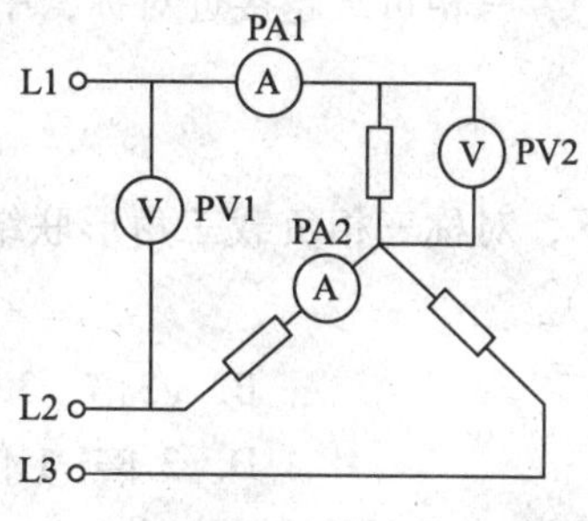

图 4—1

5. 如图 4—2 所示对称三相负载，若电压表 PV1 的读数为 380 V，则电压表 PV2 的读数为________；若电流表 PA1 的读数为 10 A，则电流表 PA2 的读数为________。

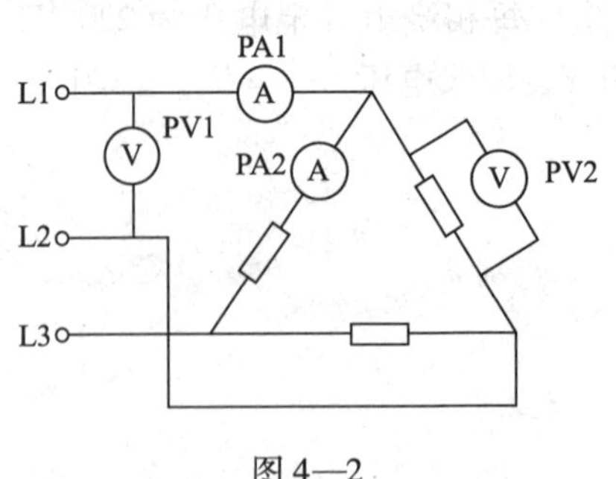

图 4—2

6. 当负载不对称时，______________________________，就会影响其他两相的正常工作。

7. 三相对称电路电源对称，________________________，相电流及线电流均对称。

8. 为减少异步电动机启动电流，启动时采用星形接法，正常工作时转换为三角形接法，对应星形与三角形两种接法，电路线电压比值为________，相电压比值为__________，相电流比值为______________。

二、判断题

1. 当三相对称负载作星形联结时，线电流就等于相电流。（ ）

2. 三相电路中，负载是采取星形联结还是三角形联结，完全取决于三相电源的接法。（ ）

3. 如果三相负载的阻抗值相等，则它们一定是对称负载。（ ）

4. 只要照明负载均匀地分配在三相电路中，构成对称三相负载，则中线可省略。（ ）

5. 三相负载作星形联结时，无论负载对称与否，线电流必定等于负载的相电流。（ ）

6. 一台三相电动机，每个绕组的额定电压是 220 V，现三相电源的线电压是 380 V，则这台电动机的绕组应联结成三角形。（ ）

7. 在对称负载的三相交流电路中，中线上的电流为零。（ ）

8. 在三相四线制供电线路中，三相负载越接近对称，中线电流越大。（ ）

三、选择题

1. 在同一个三相对称电源下，对称三相负载三角形联结的线电流、相电流分别是星形联结时线电流、相电流的（ ）。

A. $\sqrt{3}$倍，$\sqrt{3}$倍　　B. $\sqrt{3}$倍，3 倍

C. 3 倍，3 倍　　D. 3 倍，1 倍

2. 对称三相负载的相电流是指（ ）上的电流。

A. 流经负载的电流　　B. 流经相线的电流

C. 流经电源线的电流　　D. 以上都不是

3. 在三相四线制供电中，中线上（ ）。

A. 应加装熔断器和开关　　B. 不得加装熔断器和开关

C. 必须加装熔断器和开关　　D. 可装可不装

4. 三角形联结的对称负载的线电流是相电流的$\sqrt{3}$倍，且在相位上滞后于与之对应的相电流（　　）。

A. 60°　　B. 70°　　C. 90°　　D. 30°

5. 日常生活中常见的各种照明器具、电视机、空调等，称为单相负载，这类负载接在（　　）下工作。

A. 相电压　　B. 线电压　　C. 中电压　　D. 安全电压

四、简答题

1. 接在三相交流电路中的负载一般分为几类？

2. 三相负载作星形联结时，中线有什么作用？在什么情况下必须有中线，什么情况下可以不用中线？

3. 三相交流电动机有三根电源线接到电源的 U、V、W 三相上，称为三相负载，电灯有两根电源线，为什么不称为两相负载，而称单相负载？

4. 额定电压为 380 V 的电动机，如果接成星形连接到电源上，会产生什么后果？

5．照明电路若接成三角形，后果会怎样？

6．居民家中使用的均是单相用电器，为什么向小区或居民楼中输送的电源常是三相五线制？

7．什么是Y—Δ减压启动？

五、分析及作图题

1．指出图4—3中各负载的联结形式和供电方式。

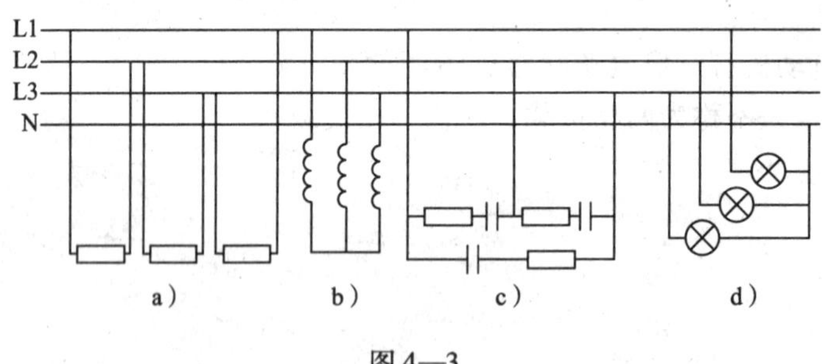

图4—3

2. 有一块实验底板如图4—4所示，应如何连接才能将额定电压为220 V的白炽灯负载接入线电压为380 V的三相对称电源上（每相两盏灯）？

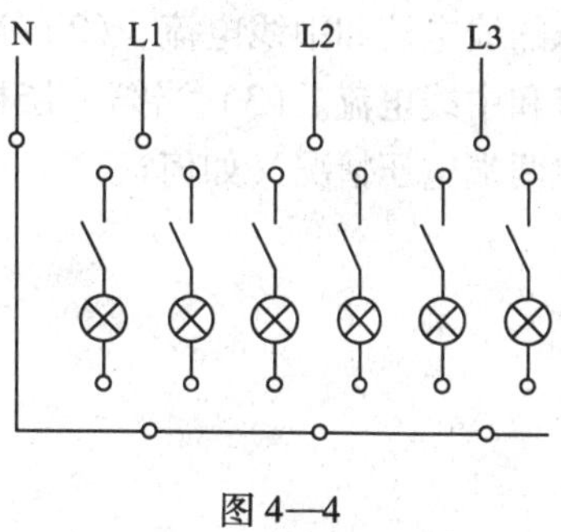

图4—4

3. 有一个相电压为220 V的三相发电机和一组对称的三相负载。若负载的额定相电压为380 V，问此三相电源与三相负载应如何连接（画图表示）？

六、计算题

1. 在三相对称电路中，电源的线电压为380 V，每相负载电阻$R=10\ \Omega$。试求负载分别接成星形和三角形时的线电流和相电压。

2. 某三层大楼照明采用三相四线制供电，线电压为 380 V，每层楼均有“220 V，40 W”的白炽灯 110 只，分别接在 U、V、W 三相上，试求：(1) 三层楼电灯全部开亮时总的线电流和中线电流。(2) 当第一层楼电灯全部熄灭，另两层楼电灯全部开亮时的线电流和中线电流。(3) 当第一层楼电灯全部熄灭，且中线断掉，二、三层楼灯全部开亮时灯泡两端电压情况又如何？

第三节　三相电路的功率

一、填空题

1. 在三相交流电路中，三相负载无论采取何种联结方式，三相电路的总有功功率等于__________________________。

2. 在三相对称电路中，各相电压、相电流的有效值相同，功率因数相等，所以各相有功功率相等，则总有功功率为______________________________。

3. 一般情况下，在三相设备如三相发动机、三相变压器、三相电动机的铭牌上标注的额定功率均是指________________。

4. 在相同的线电压下，负载作______________________是作星形联结的有功功率的 3 倍。

5. 在实际工作中，测量______________________要比测量相电流和相电压方便。

二、判断题

1. 对称三相负载无论是作星形还是作三角形联结，其总有功功率为 $P=\sqrt{3}U_{线} I_{线} \cos\varphi$。（　　）

2. 在相同的三相电源电压作用下，把同一个三相对称负载分别作星形和三角形联结时，消耗的电功率之比是 1。（　　）

3. 当三相负载对称时，采用不同接法，三相总功率的公式是不同的。（　　）

4. 在三相设备的铭牌上标注的额定功率是指有用功率。（　　）

5. 有一对称三相负载，每相的电阻为 8 Ω、感抗为 6 Ω，则每相阻抗为 10 Ω。（　　）

三、简答题

1. 什么是负载的阻抗角？

2. 什么是视在功率？

四、计算题

有一对称三相负载，每相的电阻为 4 Ω、感抗为 3 Ω，电源线电压为 380 V，试计算负载星形联结和三角形联结时的有功功率。

第四节　低压配电系统

一、填空题

1. 生活和工作中，使用的电源一般都是__________，而且在配电之前一般都是三相交流电源。

2. 从输电的角度来说，____________，则____________，传输的容量就越大，电能的消耗也就越小。

3. 在电力系统中，接触最多的是配电系统，一般将交流____ V 以下的线路称为低压配电线路。

4. 低压配电所的二次输出电压值确定为____________ kV。

5. 一级负荷应由__________供电，当一电源发生故障时，另一电源不应同时受到损坏。

6. 低压供电系统的配电方式主要有________、________、________。

7. 设备的供电电源的切换时间，应__________________。

二、判断题

1. 按我国有关规定，用户设备容量在 250 kW 或所需变压器容量在 160 kVA 以下时，应采用高压供电。（　　）

2. 二级负荷可由一路 6 kV 及以上专用的架空线路供电。（　　）

3. 树干式配电方式由于每台配电箱和设备都有单独线路配电，所以供电可靠性高，多用于设备容量较大和对供电可靠性要求较高的场所。（　　）

4. 保护线（PE）的作用是引出 220 V 电压，连接使用相电压的单相设备。（　　）

5. 设备容量较大或对供电可靠性要求较高的场所应选用放射式连接形式。（　　）

6. 建筑高度为 100 m 或 35 层及以上的住宅建筑消防用电负荷为三级负荷。（　　）

7. 图 4—5 所示为 TN—S 系统。（　　）

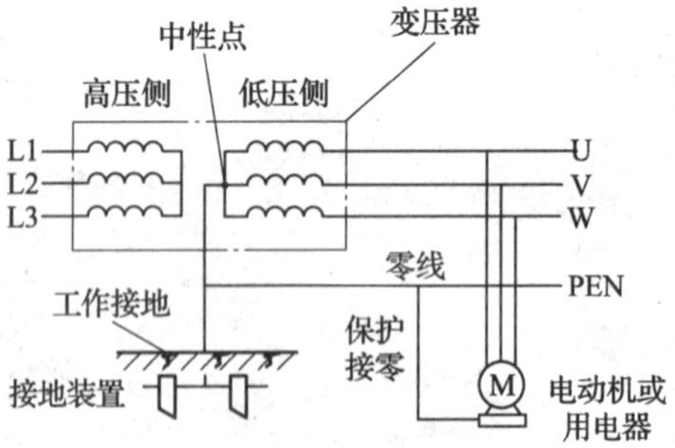

图 4—5

三、简答题

1. 低压配电系统的供电方式有哪几种？各有什么特点？

2. 住宅建筑二级用电负荷有哪些？

3. TN 系统的特点是什么？

第五节 电路的功率因数

一、填空题

1. 把____________________叫作功率因数，用 $\cos\varphi$ 表示。

2. 电路的视在功率一定时，________________，电源输出的________________，供电设备的利用率就越高。

3. 当线路电阻为定值时，线路功率因数越高，__________，线路电压损失就越小，____________________________。

4. 并联电容器后，线路中____________________。

5. 40 W 的日光灯和镇流器串联，接在 220 V 交流电源上，通过的电流是 0.41 A，日光灯的功率因数是__________________。

二、判断题

1. 对于纯电阻负载，$\cos\varphi=1$，感性负载的功率因数 $\cos\varphi>1$。（　　）

2. 在负载两端并联合适的电容器，会提高负载的功率因数。 ( )

3. 并联补偿电容后，由于电压不变，所以通过电感性负载的电流及负载的功率因数均未改变。 ( )

4. 如果电容器的额定电压与电网电压相同，应采用星形联结。 ( )

5. 并接电容器的容量越大，功率因数提高越大。 ( )

三、简答题

1. 简述提高功率因数的意义及常用方法。

2. 在 RL 串联电路中，适当串联一个电容器，能否提高电路的功率因数？为什么？

四、计算题

1. 已知某发电机的额定电压为 220 V，视在功率为 440 kVA。

(1) 用该发电机向额定工作电压为 220 V、有功功率为 4.4 kW、功率因数为 0.5 的用电器供电，问能供多少个负载？

(2) 若把功率因数提高到 1 时，又能供多少个负载（设线路损耗忽略不计）？

2．某工厂用变压器从变电站取用功率为500 kW、电压为10 kV、频率为50 Hz 的交流电。原功率因数为0.6，现欲将它提高为0.9，应并联多大的电容器？

3．某三相对称感性负载成Y形联结到线电压为380 V的三相对称电源上，从电源取用的总有功功率为5.28 kW，功率因数为0.8，试求负载的相电流和电源的线电流。

第五章　变压器与电动机

第一节　变压器工作原理

一、填空题

1. 变压器是利用______________原理工作，变压器除了能变换________和交流电流以外，还有______________的作用。

2. 从基本工作原理上来讲，变压器主要由________和________两部分组成。

3. 有一台降压变压器，原边电压为10 000 V，副边电压为220 V，则变压器的匝数比为____________。

4. 变压器在工作时，其自身损耗由__________和________组成。

5. 变压器的外特性曲线既与________________________，又与变压器本身的性质有关。

6. 机床照明和用于特殊场所的安全照明需要________ V以下的电压。

7. 某单相变压器 $U_1 = 600$ V，$K = 15$，$I_2 = 100$ A，则 $U_2 =$ ____ V和 $I_1 =$ ____ A。

二、判断题

1. 变压器与电源相连的绕组称为一次绕组，与负载相连的绕组称为二次绕组。（　　）

2. 芯式结构的变压器因为散热和绝缘性能良好，多用于小容量变压器中。（　　）

3. 当变压器变比 $K > 1$ 时，该变压器是升压变压器。（　　）

4. 变压器原绕组的电流必小于副绕组的电流。（　　）

5. 一次、二次绕组中的电流跟绕组的匝数成反比。（　　）

6. 外特性曲线倾斜的程度随负载功率因数不同而不同。（　　）

三、简答题

1. 变压器能否用来变换直流电压？如将变压器接到与它的额定电压相同的直流电源上会怎么样？

2. 什么是阻抗匹配?

3. 某台额定电压为220/110 V的单相变压器，欲获得440 V的电压，能否把220 V的交流电源接在变压器低压侧，而从高压侧取440 V电压?

四、计算题

1. 已知单相变压器的额定容量 $S_N = 2$ kVA，原绕组额定电压 $U_{1N} = 380$ V，匝数 $N_1 = 1\ 140$，副绕组匝数 $N_2 = 108$，求：

（1）该变压器副绕组的额定电压 U_{2N} 及原、副绕组的额定电流 I_{1N}、I_{2N} 各是多少?

（2）当副边接入一个电阻负载，其消耗的功率为800 W，则原、副绕组的电流 I_1、I_2 各是多少?

2. 某台220/36 V的变压器，已知一次绕组匝数 $N_1 = 1\ 100$ 匝，试求二次绕组匝数。若在二次侧接一盏36 V、100 W的白炽灯，问一次侧电流为多少?（忽略空载电流和漏阻抗压降）

3. 某收音机输出变压器的一次绕组的匝数为 230，二次绕组的匝数为 80，原配接 8 Ω 的扬声器，现改用 4 Ω 的扬声器，试问二次绕组的匝数应改为多少？

第二节　电力变压器

一、填空题

1. 三相电力变压器是供电、配电系统中最主要的设备之一，其主要作用是变换________和________。

2. 变压器按冷却方式不同分为__________、__________、__________三类。

3. 干式变压器温控系统根据____________________，发出超温报警信号直至超温跳闸信号。

4. 变压器一次绕组的额定电流 I_{1N} 是根据__________，变压器在长时期运行过程中一次绕组允许通过的________。

5. 住宅建筑应选用节能型变压器。变压器的接线宜采用____________，变压器的负载率不宜大于________。

6. 当变压器低压侧电压为____________ kV 时，配变电所中单台变压器容量不宜大于 1 600 kVA。

二、判断题

1. 变压器等电器设备的磁路中通常用相互绝缘的硅钢片叠成所需厚度的铁芯，其目的是减少涡流，减少变压器绕组的发热。（　）

2. 起安全保护作用的瓦斯保护装置、温控器和温显器等均为干式变压器专用部件。（　）

3. 额定容量 S_N 表示在额定使用条件下变压器的最大输出能力，一般用视在功率表示，单位是千瓦（KW）。（　）

4. 额定温升是指变压器在额定状态下运行时，允许超过周围环境的温度值。（　）

5. 由于变压器是静止的电器，所以损耗较小，效率较高。（　）

6. 设置在住宅建筑内的变压器，应选择干式、气体绝缘或非可燃性液体绝缘的。（　）

三、选择题

1．变压器种类很多，其中电力变压器、调压变压器、仪用互感器是按（　　）进行分类的。

A．用途　　B．相数　　C．冷却方式　　D．绝缘材料

2．温控系统通过预埋在低压绕组中的测温元件测取温度信号，当变压器绕组温度大于（　　）℃时，系统自动启动风机冷却。

A．80　　B．100　　C．130　　D．70

3．变压器带负载后，二次输出电压将（　　）。

A．提高　　B．不变　　C．没有规律　　D．下降

4．预装式变电站中单台变压器容量不宜大于（　　）kVA。

A．1 600　　B．500　　C．1 200　　D．800

5．单相变压器一次侧电压的频率与二次侧电压的频率的关系是（　　）。

A．大于　　B．等于　　C．小于　　D．无关

四、简答题

1．油浸式电力变压器的基本结构部件有哪些？

2．变压器的额定容量与实际输出的电功率是否一致？

3．满载时变压器的电流等于额定电流，这时二次侧电压是否也等于额定电压？

4．说明型号为 SC9—1200/10 的变压器的含义。

五、计算题

1. 有一台单相变压器，其额定容量 $S_e = 10$ kVA，原边电压 $U_1 = 10\ 000$ V，副边电压 $U_2 = 220$ V，其效率 $\eta = 95\%$。试求：(1) 变压器在额定状态下工作，可接功率因数 $\cos\varphi = 0.85$，电压为 220 V，功率 $P = 100$ W 的电器多少台？(2) 原副边的额定电流 I_1 和 I_2 各是多少？

2. 一变压器容量为 10 kVA，铁损为 230 W，满载时铜损是 270 W，求该变压器在满载情况下向功率因数为 0.85 的负载供电时，输入和输出的有功功率及变压器的效率各是多少？

第三节　特殊用途的变压器

一、填空题

1. 特殊变压器是在特定场合使用及有特殊用途的变压器，主要有自耦变压器、________________、________________、整流变压器等。

2. 自耦变压器的一次侧和二次侧________________。

3. 仪用互感器包括____________和____________，它们属于测量装置。

4. 电压互感器有__________、____________、单相和三相之分。

5. 电焊变压器是一种特殊用途的降压变压器，是一个__________变压器。

6. 电焊变压器在焊接时必须具有____________，所以它的一次绕组配有分接头，用于调节起弧电压，也可用于调节________________。

二、判断题

1. 自耦变压器一、二次绕组共用一套绕组，可以作为隔离变压器使用。（　　）

2. 自耦变压器既可以降压，也可以作为升压变压器使用。（　　）

3. 电压互感器是一种专用的降压变压器，其工作原理和结构与双绕组变压器相同。（　　）

4. 电压互感器的一次绕组的线圈匝数较多，与被测电路电网串联。（　　）

5. 电流互感器在运行时相当于二次侧开路的变压器。（　　）

6. 电焊变压器的焊件与焊条接触，即相当于开路。（　　）

三、选择题

1. （　　）是单绕组变压器。

A. 电焊变压器　　B. 电压互感器

C. 电流互感器　　D. 自耦变压器

2. 电压互感器在使用时，其二次侧不允许（　　）。

A. 开路　　B. 短路　　C. 开路和短路　　D. 通路

3. 电流互感器二次绕组的额定电流一般都设计成（　　）A。

A. 5　　B. 10　　C. 30　　D. 15

4. （　　）不是在特定场合使用及有特殊用途的变压器。

A. 自耦变压器　　B. 仪用互感器

C. 整流变压器　　D. 三相电力变压器

5. 电焊变压器为适应不同的焊件和不同的焊条，焊接电流的大小要求能够调节，为此，在二次绕组回路中串了一个（　　）。

A. 电抗器　　B. 电阻器　　C. 电感器　　D. 电容器

四、简答题

1．与普通的双绕组变压器相比，自耦变压器具有哪些优点？

2．仪用互感器的作用有哪些？

3．电流互感器使用时，为什么二次侧要可靠接地？

4．电压互感器使用时一次、二次侧绕组中串联熔断器的作用是什么？

5．怎样调节电焊变压器的二次电流？

第四节　三相异步电动机的结构与原理

一、填空题

1. 定子是三相交流异步电动机中固定不动的部分，用来产生________，主要由__________、____________和机座组成。

2. 转子是三相交流异步电动机的旋转部分，其主要作用是产生____________，形成__________。

3. 根据转子绕组的结构和形式不同，异步电动机可分为__________异步电动机和____________转子异步电动机两种。

4. 三相异步电动机的同步转速总是____________电动机转子的转速。

5. 旋转磁场的____________与______________的差称为转差。

6. 在工频 $f=50$ Hz 情况下，1 对磁极对数所对应的旋转磁场的转速为________ r/min。

二、判断题

1. 笼型异步电动机启动性能较好，可以在一定范围内调速。（　　）
2. 当定子绕组中通入三相电源时，定子绕组就会产生一个旋转磁场。（　　）
3. 电动机的转速与使用的电源频率无关。（　　）
4. 在电动机启动瞬间，转速 $n=0$，此时转差率最大，$s=1$。（　　）
5. 三相绕线式异步电动机改变转子电阻控制交流电动机旋转磁场的转速。（　　）

三、简答题

1. 三相交流异步电动机的优缺点分别是什么？

2. 三相异步电动机的旋转磁场是如何产生的？同步转速与哪些因素有关？

四、计算题

某台电动机的额定转速 $n_N = 2\ 750$ r/min，电源的频率 $f = 50$ Hz，试求该电动机的同步转速、磁极对数和额定转差率 s_N。

第五节　三相异步电动机铭牌数据和选择

一、填空题

1. 电动机额定数据有__________、__________、电流、________、效率、功率因数等，电动机的效率不高，一般为75% ~90%。

2. 对于不需要调速的高、中转速的机械，如水泵、压缩机、鼓风机等，一般应选用____________________。

3. 电动机过载系数是电动机的________和________的比值。

4. 一般来说，常年超过8℃，电动机的使用年限就要______________。

5. 在选择电动机时，主要考虑电动机的____________、__________、结构外形和________________________等几方面。

二、判断题

1．三相交流电动机额定电压 U_N 是指正常工作下的定子绕组的相电压，单位为 V。（ ）

2．电动机在轻载或空载下运行时，功率因数高、效率低。（ ）

3．通风机、水泵等机械设备中，电动机工作方式为重复连续运行。（ ）

4．重复断续运行容量等于生产机械功率除以效率。（ ）

5．字母 YR 表示笼型异步电动机。（ ）

6．电动机额定功率 P_N 是指电动机在额定运行时转轴上输入的电功率，单位为千瓦（kW）。（ ）

7．防护式电动机适用于灰尘多、潮气大或含有腐蚀性气体的场合。（ ）

三、简答题

1．解释 Y160M—4 铭牌中型号的含义。

2．如何选择三相异步电动机的类型？

四、计算题

1. Y180M—4 型三相异步电动机，$P_N=45$ kW，$U_N=380$ V，三角形联结，$I_N=85.4$ A，$\cos\varphi=0.89$，$f=50$ Hz，$n_N=1\ 485$ r/min。求额定运行时的：1）转差率；2）定子绕组的相电流；3）输入有功功率；4）效率。

2. 某异步电动机的额定电压为380/220 V，当三相电源的线电压分别为220 V和380 V时，定子三相绕组的相电压各为多少？在负载相同的情况下，相电流是否相等？线电流是否相等？

第六章　电子技术基础知识

第一节　半导体基础及二极管

一、填空题

1. 半导体元器件具有体积小、__________、__________和功率转换效率高等优点。

2. 根据自然界材料的导电能力，大致分为__________、__________和__________三类。

3. 砷化镓（GaAs）等化合物的半导体材料，是用来制造____________的基础材料。

4. 在纯净半导体中掺入五价元素，如磷或锑等，形成__________半导体；在纯净半导体中掺入三价元素，如硼、镓、铟等，形成________半导体。杂质半导体的导电性能与其掺杂浓度和温度有关，掺杂浓度越____、温度越____，其导电能力越强。

5. 二极管本质上就是一个______，从P区和N区各引一条引线后再封装在一个管壳内就制成了一个二极管。P区引出端叫______，N区引出端叫____，用文字符号_________表示。

6. 二极管按结构分为__________、____________两大类。

7. 二极管按用途分为______________、______________、开关二极管、光电二极管等。

二、判断题

1. 因为P型半导体的多子是自由电子，所以它带负电。（　　）
2. PN结在无光照、无外加电压时，结电流为零。（　　）
3. PN结正偏时处于导通状态，形成正向电流，并且随着正向电压的增大而增大。（　　）
4. 二极管是根据PN结的单向导电性制成的，因此二极管也具有单向导电性。（　　）
5. 硅二极管的稳定性比锗二极管好得多。（　　）
6. 一般情况下，整流电路首选热稳定性好的锗管，而高频检波电路首选硅管。（　　）
7. 稳压二极管是特殊的二极管，工作于反向击穿区。（　　）

三、选择题

1. 纯半导体中最常使用的材料为锗（Ge）和硅（Si），两者皆为（　　）元素。

   A. 三价　　B. 四价　　C. 五价　　D. 六价

2. 在纯净半导体中加入（　　）元素可形成P型半导体。

   A. 五价　　B. 四价　　C. 三价　　D. 六价

3. 在N型半导体中，导电的多数载流子是（　　）。

A. 电子　　　B. 空穴　　　C. 正离子　　　D. 负离子

4. 下列叙述正确的是（　　）。

A. P 区接电源正极，N 区接电源负极，称为反向偏压

B. P 区接电源负极，N 区接电源正极，称为正向偏压

C. 外加反向偏压时，空间电荷区的宽度加大

D. 外加正向偏压时，空间电荷区的宽度维持不变

5. 稳压管的稳压区工作在（　　）状态。

A. 正向导通　　　B. 反向截止　　　C. 反向击穿　　　D. 反向导通

6. 加在二极管上的正向电压从 0.65 V 增大 10%，则流过的电流增大（　　）。

A. 大于 10%　　　B. 小于 10%　　　C. 等于 10%　　　D. 不变

四、简答题

1. 纯净半导体的特点是什么?

2. PN 结的单向导电性有什么作用?

3. 点接触型二极管的特点及用途分别是什么?

4．二极管的最大整流电流 I_{FM} 的含义是什么？

5．发光二极管的优缺点各是什么？

五、计算题

1．设硅稳压管 DZ1 和 DZ2 的稳定电压分别为 5 V 和 10 V，已知硅稳压管的正向压降为 0.7 V，试求图 6—1 所示电路的输出电压 U_0。

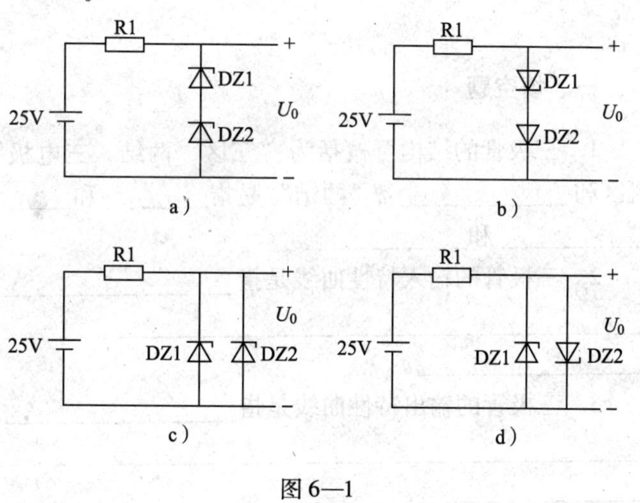

图 6—1

2. 在图 6—2 所示的电路中，V1 和 V2 为硅二极管，导通压降为 0.7 V。求：

（1）B 端接地、A 端接 5 V 时，U_0 为多少？

（2）B 端接 10 V、A 端接 5 V 时，U_0 为多少？

（3）B 端悬空，A 端接 5 V，测 B 端和 U_0 端电压应各为多少？

（4）A 端接 10 kΩ 电阻，B 端悬空，测 B 端和 U_0 端电压应各为多少？

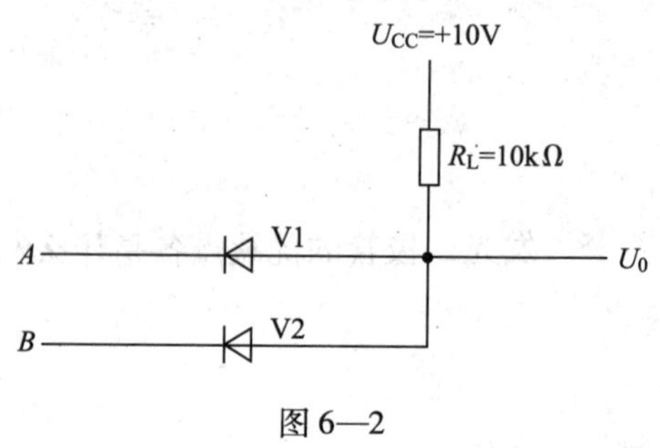

图 6—2

第二节　三　极　管

一、填空题

1. 三极管的结构可概括为“三区，两结，三电极”。其中“三区”是指________、发射区和______________；“两结”是指________和________；“三电极”是指____________、____________和____________。

2. 三极管的输入特性曲线是指____。

3. 三极管的输出特性曲线是指____。

4. 根据输出特性曲线，可以将三极管的工作区域分为三个，即________、__________和____________，这三个区分别对应了三极管的__________、____________和____________三个工作状态。

5. 三极管工作于放大状态的外部条件是：____________。三极管工作于饱和状态的外部条件是：________________。

6. 把基极开路（即 $I_B=0$）、集电极和发射极之间加规定的反向电压时的反向电流称为

______________，这个电流也叫作____________________。

二、判断题

1．温度升高时，三极管的 I_{CBO} 和 I_{CEO} 增大。 (　　)

2．硅管和锗管对温度的变化影响是相同的。 (　　)

3．三极管只有测得 $U_{BE}>U_{CE}$ 才工作在放大区。 (　　)

4．当测得 U_{BE} 等于电源电压时，此三极管一定处于截止状态。 (　　)

5．当测得三极管的集电极电流 $I_C>I_{CM}$（集电极的最大允许电流）时，则管子将发生热击穿而损坏。 (　　)

6．NPN 型三极管有两个 N 型区，可互相对换使用，即将集电极当发射极使用，发射极当集电极使用。 (　　)

7．晶体三极管由两个 PN 结组成，所以能用两个晶体二极管反向连接起来做成晶体三极管使用。 (　　)

8．因为晶体三极管发射区的杂质浓度比基区的杂质浓度小得多，所以不能用两个晶体二极管反向连接起来代替晶体三极管。 (　　)

9．晶体三极管相当于两个反向连接的晶体二极管，所以基极断开后还可以作为晶体二极管使用。 (　　)

三、选择题

1．当晶体三极管的两个 PN 结都反偏时，则晶体三极管处于（　　）。

A．饱和状态　　B．放大状态

C．截止状态　　D．断开状态

2．当晶体三极管的两个 PN 结都正偏时，则晶体三极管处于（　　）。

A．截止状态　　B．放大状态

C．饱和状态　　D．断开状态

3．当晶体三极管的发射结正偏、集电结反偏时，则晶体三极管处于（　　）。

A．放大状态　　B．饱和状态

C．截止状态　　D．断开状态

4．晶体三极管处于饱和状态时，它的集电极电流将（　　）。

A．随基极电流的增大而增大

B．随基极电流的增大而减小

C．与基极电流变化无关，只决定于 U_{CE}

D．与基极电流变化有关

5．当晶体三极管的基极电源使发射结反向时，则晶体三极管的集电极电流将（　　）。

A．反向　　B．增大　　C．中断　　D．导通

6．晶体三极管处于放大工作状态时，测得集电极电位为 6 V，基极电位为 0.7 V，发射极接地，则该三极管为（　　）型。

A．NPN　　B．PNP　　C．无法判断　　D．PNN

7．用直流电压表测量 NPN 型晶体三极管电路，各电极对地电位分别是：$U_B=4.7$ V，

$U_C=4.3$ V，$U_E=4$ V，则该晶体三极管的工作状态是（　　）。

A．截止状态　　B．饱和状态　　C．放大状态　　D．断开状态

8．用直流电压表测量放大电路中的一只 NPN 型晶体三极管，各电极对地电位分别是：$U_1=2$ V，$U_2=6$ V，$U_3=2.7$ V，则该晶体三极管各脚的名称是（　　）。

A．1 脚为 e，2 脚为 b，3 脚为 c

B．1 脚为 e，2 脚为 c，3 脚为 b

C．1 脚为 b，2 脚为 e，3 脚为 c

四、简答题

1．测量三极管三个电极对地电位如图 6—3 所示，试判断三极管的工作状态。

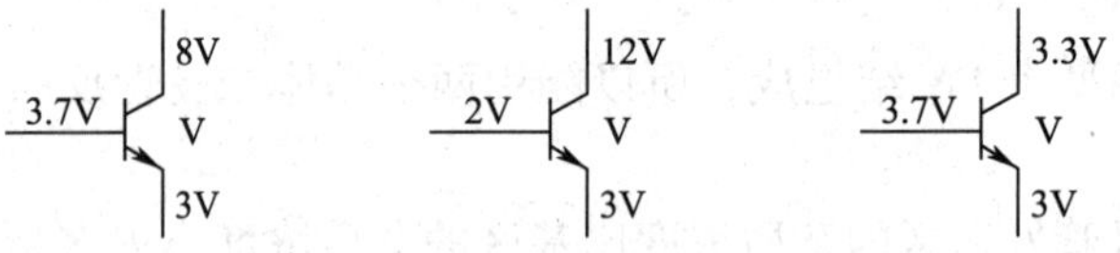

a) 8V, 3.7V, V, 3V　b) 12V, 2V, V, 3V　c) 3.3V, 3.7V, V, 3V

图 6—3

2．有一个晶体管接在放大电路中，测得管脚的电位分别是 -9 V、-6 V 和 -6.2 V，试判断这个晶体管的三个极，并说明它的类型（是硅管还是锗管）。

3. 某晶体管 $I_{CM}=20$ mA，$U_{(BR)CEO}=15$ V，$P_{CM}=100$ mW，试问在下面哪些情况下可以正常工作？

（1）$U_{CE}=3$ V，$I_C=10$ mA；

（2）$U_{CE}=2$ V，$I_C=30$ mA；

（3）$U_{CE}=30$ V，$I_C=2$ mA；

（4）$U_{CE}=20$ V，$I_C=15$ mA；

（5）$U_{CE}=10$ V，$I_C=10$ mA。

4. 如何使用万用表判断三极管的基极和 PNP 管、NPN 管？

五、计算题

1. 已知三极管的交流放大系数是 50，当基极电流增大了 0.2 mA 时，集电极电流变化了多少？

2. 已知三极管的集电极电流是 10 mA，而基极电流是 0.2 mA，那么发射极的电流是多少？

第三节 共发射极放大电路

一、填空题

1. 根据公共端的不同选择，三极管放大电路有三种连接方式，即________、共集电极和________________________。

2. 放大器的输出回路可看成________________________，这个内阻就是放大器的输出电阻。

3. 从三极管输出特性曲线图上可以看出，如果________，会引起饱和失真。

4. 静态工作点是否合适，直接影响着放大电路的性能和效果。调整______就可以对静态工作点进行调整。

5. 在共发射极放大电路中，输出电压与输入电压相位____________，这是放大器的重要特征，称为__________。

6. 由于电容器具有____________的作用，因此画直流通路时，把有电容器的支路断开，其他不变；由于电容器具有____________的作用，另外电源的______也很小，也可以视为____________对交流短路，因此画交流通路时，可将电容器和电源均视为短路。

7. 为了稳定放大电路的性能，对放大电路的结构加以改进，采取措施以稳定静态工作点，常见的电路是______________。

8. 当电路工作一段时间后，由于三极管发热导致温度升高，使三极管的交流放大倍数 β 和穿透电流 I_{CBO} 增大，结果会使__________________增大。

二、判断题

1. 放大电路中，三极管无论按哪一种方式连接，都必须保证其偏置满足（发射结反偏、集电结正偏），使三极管工作在电流放大状态。 （ ）

2. 在共射极放大电路中，设输入信号为 $U_m\sin(\omega t+180°)$，K 为电压放大倍数，则输出电压为 $U_{ce}=KU_m\sin(\omega t+0°)$。 （ ）

3. 当单级放大器的静态工作点过高时，根据 $I_b=\frac{I_c}{\beta}$，可选用 β 大的晶体三极管来减小 I_b。 （ ）

4. 分压式偏置电路，利用 R_{b1} 和 R_{b2} 组成的分压器固定了基极电位，所以 I_b 就固定不变，根据 $I_c=\beta I_b$，则 I_c 也固定不变。 （ ）

5. 分压式偏置电路，利用发射极电阻 R_e，将 I_e 的变化以电压的形式反馈到输入回路。当 $U_b \gg U_{be}$ 时，就认为 U_e 也基本不变，所以可认为 I_c 是恒定的。 （ ）

6. 放大器的电压放大倍数随负载而变化，负载越高，电压放大倍数越大。 （ ）

7. 实际放大器常采用分压式电流负反馈偏置电路，这是因为它能提高输入阻抗。 （ ）

8. 在晶体三极管放大电路中，晶体三极管的发射结上加正向电压，集电结加反向电压。 （ ）

9. 三极管是一种电压控制型器件。 ( )

10. 三极管是一种电流控制型器件。 ( )

三、选择题

1. 晶体三极管低频小信号放大器能（ ）。

A. 放大交流信号　B. 放大直流信号

C. 放大交流与直流信号　D. 放大脉动信号

2. 如果晶体三极管的发射结正偏、集电结反偏，当基极电流增大时，将使晶体三极管（ ）。

A. 集电极电流减小　B. 集电极电压 U_{ce} 上升

C. 集电极电流增大　D. 集电极电压 U_{ce} 不变

3. 当室温升高时，晶体三极管的电流放大系数 β（ ）。

A. 增大　B. 减小　C. 不变　D. 不定

4. 在晶体三极管放大电路中，当输入电流一定时，静态工作点设置太低将产生（ ）。

A. 饱和失真　B. 截止失真　C. 不失真　D. 放大

5. 在晶体三极管放大电路中，当输入电流一定时，静态工作点设置太高将产生（ ）。

A. 饱和失真　B. 截止失真　C. 不失真　D. 放大

6. 为了使工作于饱和状态的晶体三极管进入放大状态，可采用（ ）的方法。

A. 减小 I_b　B. 减小 R_C　C. 增大 R_C　D. 增大 I_b

7. 为调整放大器的静态工作点，使之上移，应该使 R_b 电阻值（ ）。

A. 增大　B. 减小　C. 不变　D. 不定

8. 在室温升高时，晶体三极管电压放大器的电压放大倍数（ ）。

A. 增大　B. 减小　C. 不变　D. 不定

四、简答题

1. 什么是静态工作点？

2. 共发射极电路各部分的作用是什么？

3. 试分析共射极放大电路产生失真的原因。

4. 正、负反馈在电路中的作用是什么?

五、计算题

1. 在如图 6—4 所示的放大电路中，已知 $R_B = 490\ k\Omega$，$R_C = R_L = 3\ k\Omega$，$\beta = 100$，$U_{BE} = 0.7\ V$，C_1 和 C_2 足够大，$U_{CC} = 10\ V$。试求电路的静态工作点，并求电压放大系数 A_u 和输入、输出电阻。

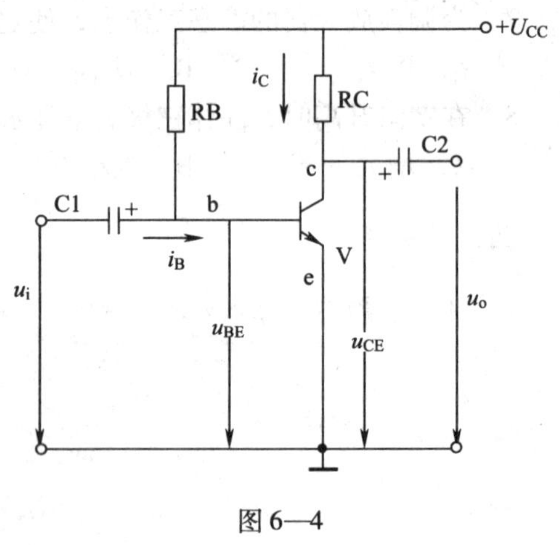

图 6—4

2．分压式共发射极偏置电路如图 6—5 所示，已知 $\beta = 50$，$U_{CC} = 12$ V，$R_{b1} = 20$ kΩ，$R_{b2} = 10$ kΩ，$R_C = 2$ kΩ，$R_e = 2$ kΩ，$R_L = 4$ kΩ，求电路的静态工作点（I_{CQ}、I_{BQ}、U_{CEQ}）。

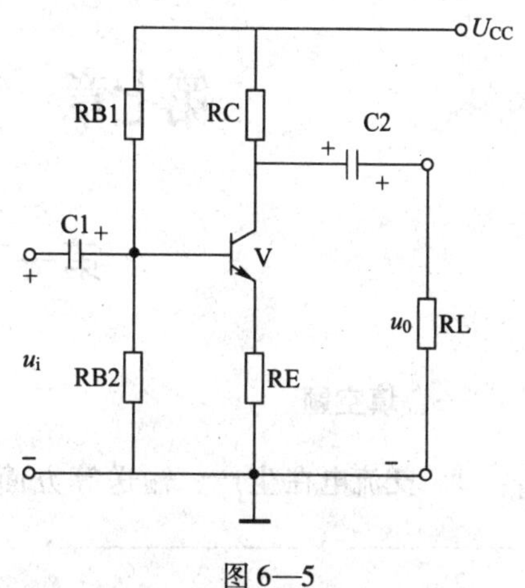

图 6—5

第七章　直流电源及晶闸管电路

第一节　直流电源的组成

一、填空题

1. 交流电在生产、输送等方面有很多优点，但在许多场合，也需要用到直流电，如____________、______________、__________________等。

2. ______________________________叫作整流，进行整流的设备称为整流器。

3. 通过由____________、__________________等组成的滤波电路，可以减小脉动直流电压中的脉动成分，从而得到较为平滑的直流电压。

4. ____________________是将交流电（一般是 220 V）转换为所需要的合适的交流电压值。

5. 在整流电路后面带有稳压电路以获得____________，称为直流稳压电源。

二、判断题

1. 直流电源是一种波形变换电路，能将正弦波信号变成直流信号。（　　）

2. 卫星的太阳能电池是一种直流电源；手电筒用的干电池也是一种直流电源。虽然这两种直流电源使用方便，功率较高，但成本高。（　　）

3. 蓄电池虽然比较经济，但是体积庞大，有污染，不利于环保。（　　）

4. 整流器内不需要滤波电路。（　　）

5. 大型电镀所需电源为三相交流电源。（　　）

第二节　单相整流电路

一、填空题

1. 整流电路的功能是将交流电转换成直流电，在小功率直流电源中，经常采用__________________、__________________整流电路。

2. 单相半波整流电路的优点是____________________、__________________、成本低，但是输出电压脉动较大。

3. 单相桥式整流电路与单相半波整流电路相比，最大的优点就是____________、脉动小、__________________。

4. 在单相半波整流电路中，如果电源变压器二次电压的有效值为 200 V，则负载电压是______________。

5. 在单相桥式整流电路中，如果负载电流为 20 A，则流过每只晶体二极管的电流为__________________。

6. 在单相桥式整流电路中，如果电源变压器二次电压为 120 V，则每只晶体二极管所承受的反向电压为____________。

7. 三相整流电路具有____________、__________________、变压器利用率高、__________________等优点。

二、判断题

1. 在变压器副边电压和负载电阻相同的情况下，桥式整流电路的输出电流是半波整流电路输出电流的 2 倍。（　　）

2. 在单相整流电路中，输出的直流电压的大小与负载大小无关。（　　）

3. 在半波整流电路中，流经整流晶体二极管的平均电流和流经负载的直流电流不同。（　　）

4. 在半波整流电路中，整流晶体二极管的反向耐压只要大于二次交流电压的有效值即可。（　　）

5. 某整流电路 $u_2 = 10$ V，$I_2 = 10$ mA，现有一整流晶体二极管损坏，代用管可采用额定电流为 4 mA 的整流管。（　　）

三、选择题

1. 在单相半波整流电路中，如果负载电流为 10 A，则流经整流晶体二极管的电流为（　　）A。

A. 4.5　　B. 5　　C. 10　　D. 15

2. 在单相桥式整流电路中，若电源变压器二次电压为 100 V，则负载电压为（　　）V。

A. 45　　B. 50　　C. 90　　D. 70

3. 在单相桥式整流电路中，如果负载电流为 10 A，则流过每只整流晶体二极管的电流为（　　）A。

A. 10　　B. 5　　C. 4.5　　D. 15

4. 在电源变压器二次电压相同的情况下，桥式整流电路输出电压是半波整流电路输出电压的（　　）倍。

A. 2　　B. 0.45　　C. 0.5　　D. 3

5. 交流电通过单相整流电路后，所得到的输出电压是（　　）。

A. 交流电压　　B. 稳恒的直流电

C. 脉动直流电　　D. 正弦交流电

6. 在图 7—1 所示的电路中，$u_2 = 100$ V，则晶体二极管的最小反向耐压值应为（　　）V。

A. 150　　B. 100　　C. 71　　D. 200

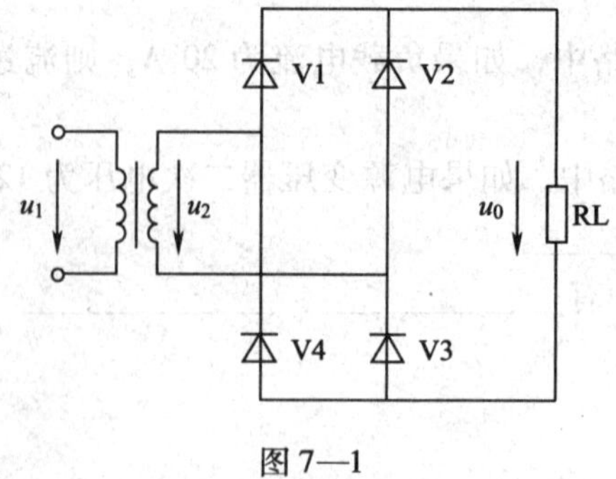

图 7—1

四、简答题

1．简述单相半波整流电路的工作原理。

2．什么是桥式整流电路？

3．二极管桥式整流电路如图 7—2 所示，试分析：

（1）4 只二极管极性全部反接，会出现什么问题？

（2）若有一只二极管脱焊，会出现什么问题？

（3）若二极管 V1 的正负极焊接时颠倒了，会出现什么问题？

（4）若负载短路，会出现什么问题？

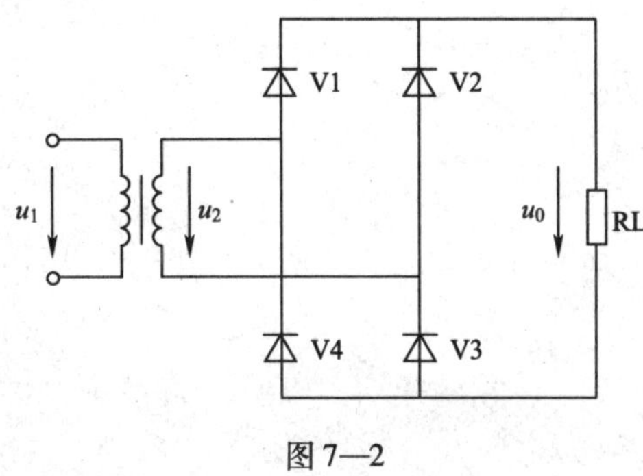

图 7—2

五、计算题

1．单相半波整流电路如图 7—3 所示。已知负载电阻 $R_L = 1\ 000\ \Omega$，变压器二次侧电压 $U_2 = 20$ V，试求输出电压、电流的平均值 U_0、I_0 及二极管截止时承受的最大反向电压 U_{RM}。

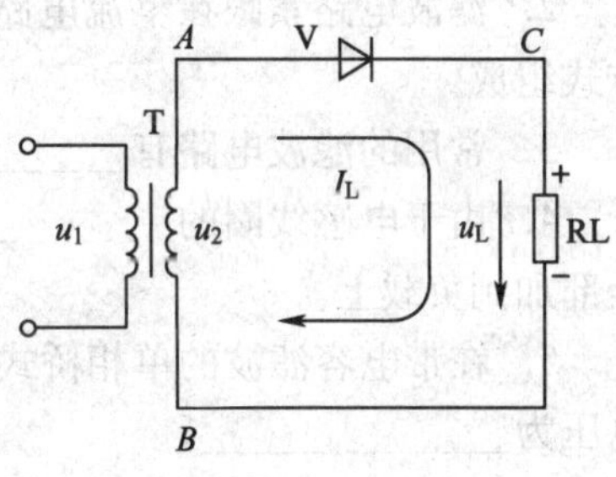

图 7—3

2. 有一直流负载，需要直流电压 $U_L = 100$ V，直流电流 $I_L = 8$ A。若采用桥式整流电路，求电源变压器次级电压 U_2，并选择整流二极管。

第三节 滤 波 电 路

一、填空题

1. 把脉动直流电变成较为平稳的直流电的过程，称为____________。

2. 滤波电路紧跟在整流电路之后，由____________、__________和电阻器按照一定的方式组成。

3. 常用的滤波电路有__________、______________和____________三种。

4. 由于电感线圈的______________，脉动电压中直流分量很容易通过电感线圈，几乎全部加到负载上。

5. 在带电容滤波的单相桥式整流电路中，如果电源变压器二次电压为 100 V，则负载电压为______________。

二、判断题

1. 电感滤波电路适用于负载电流较小的场合。（　　）

2. 电容滤波电路适用于负载电流较大且经常变化的场合。（　　）

3. 在单相桥式整流电容滤波电路中，若有一只整流管断开，输出电压平均值将变为原来的一半。（　　）

4. 采用电感滤波时，必须使电感线圈与负载并联，适用于负载电流较大的情况。（　　）

5. 电容器的充电时间常数 τ 的值与电路中的电容量无关。（　　）

三、简答题

1．分别判断图 7—4 所示各电路能否作为滤波电路，并简述理由。

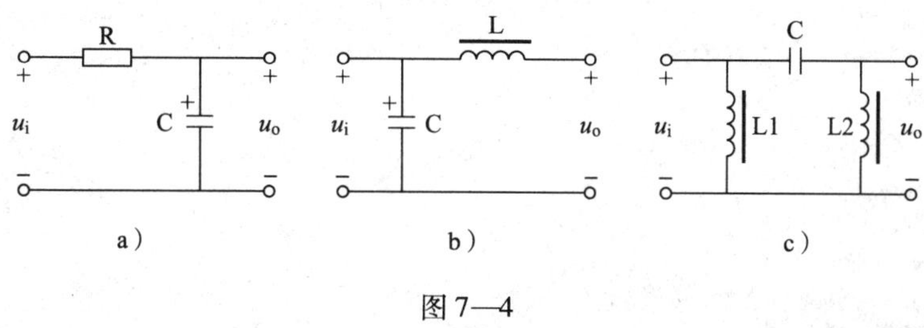

图 7—4

2．电容滤波会改变二极管的导通时间吗？负载的大小对输出的平均值会有影响吗？

3．在单相桥式整流电容滤波电路中，若发生下列情况之一时，对电路正常工作有什么影响？

（1）负载开路；

（2）滤波电容短路；

（3）滤波电容断路；

（4）整流桥中一只二极管断路；

（5）整流桥中一只二极管极性接反。

4. 简述并联稳压电路的工作原理。

四、计算题

图 7—5 所示为桥式整流电容滤波电路，已知电容值足够大，变压器次级线圈电压有效值 $U_2=10$ V，如果输出端用电压表直流挡测量有以下值：（1）$U_L=14$ V，（2）$U_L=9$ V，（3）$U_L=12$ V，（4）$U_L=4.5$ V。试判断哪些值为正常工作值，哪些值为非正常工作值，并说明原因。

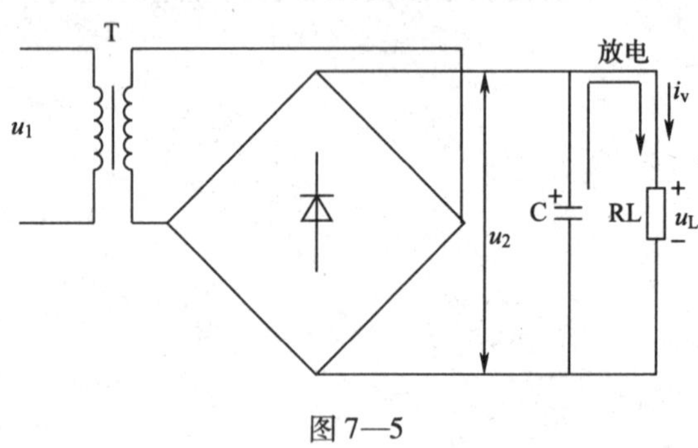

图 7—5

第四节　晶　闸　管

一、填空题

1. 硅晶体闸流管简称晶闸管，俗称______________。

2. 晶闸管的三个电极分别为__________、__________和____________。

3. 晶闸管允许通过的最大工作电流还受__________、环境温度、________、器件每个周期的导电次数等因素的影响。

4. 按照国家有关规定，通态平均电压的组别共分为____级，用 A ~ I 表示，A 级为________ V，I 级为__________ V。

5．维持电流是____。

6．有一晶闸管的型号为 KK200—9，其中，“KK”表示__________，“200”表示______________________，“9”表示______________________。

二、判断题

1．将交流电流变成直流电流称为逆变。（　　）

2．晶闸管导通以后，门极即失去控制作用。（　　）

3．要使导通的晶闸管关断，必须使它的正向电流小于 I_H。（　　）

4．KP10—5 表示的是额定电压 1 000 V，额定电流 500 A 的普通型晶闸管。（　　）

5．当晶闸管承受反向阳极电压时，不论门极加何种极性触发电压，管子都将工作在导通状态。（　　）

三、简答题

晶闸管的导通条件是什么？导通后，关断条件又是什么？试说明它和二极管、三极管在结构和功能上的不同。

第五节　晶闸管单相可控整流电路

一、填空题

1．在晶闸管承受正向电压的半周内，加上触发脉冲电压，使晶闸管开始导通的相位角 α 称为____________，又称触发脉冲的____________。

2．α 的大小是由________________________，把改变 α 的大小称为________________，α 的变化范围就是______________。

3．在单相全波可控整流电路中，晶闸管承受的最大反向电压为________。在三相半波可控整流电路中，晶闸管承受的最大反向电压为______。（电源电压为 U_2）

4．将单相桥式整流电路中两只整流二极管换成______________，便组成了单相半控桥式整流电路。

5．如图 7—6 所示单相半波可控整流电路中，当 u_2 在负半周时，负载电压、电流都为零，______________________承受 u_2 的全部电压。

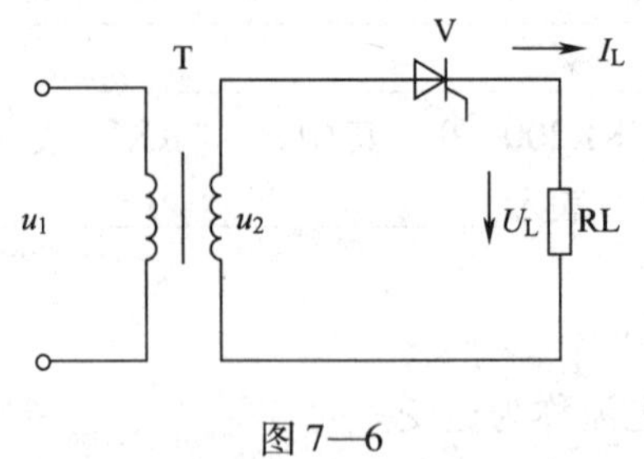

图 7—6

二、判断题

1. 在单相全控桥式整流电路中，晶闸管的额定电压应取 U_2。（　　）

2. 为了解决晶闸管因自身额定电压偏低而不能满足电路电压要求的问题，可采取两个以上的晶闸管串联使用的方法，但必须采取均压措施。（　　）

3. 控制角 α 越小，则输出电压、电流的平均值越小。（　　）

4. 单相半控桥式整流电路中触发脉冲同时送给两只晶闸管的门极，则两只晶闸管同时导通。（　　）

5. 当控制角 α 在 $0°\sim90°$之间变化时，输出电压 U_2 便在 0 到最大值之间连续变化。（　　）

三、选择题

1. 一般容量在（　　）kW 以下的可控整流装置多采用单相可控整流。

A. 20　　B. 5　　C. 10　　D. 4

2. 在带电阻性负载的单相半控桥式整流电路中，晶闸管所承受的最大正向电压为（　　）。

A. $\frac{\sqrt{2}}{2}U_2$　　B. $2\sqrt{2}U_2$　　C. $\sqrt{2}U_2$　　D. $2U_2$

3. 当控制角 α、交流电源电压和负载相同时，单相半控桥式整流电路的输出电压是单相半波整流电路输出电压的（　　）倍。

A. $\sqrt{2}$　　B. 2　　C. 1　　D. 3

4. 在晶闸管触发电路中，若改变（　　）的大小，则输出脉冲产生相位移动，以达到移相控制的目的。

A. 同步电压　　B. 控制电压

C. 脉冲变压器变比　　D. 控制电流

5. 某单相可控半波整流电路，负载电阻 $R_L=10\ \Omega$，由电网 220 V 电压供电，控制角 $\alpha=60°$，其整流电压的平均值为（　　）V。

A. 74.25　　B. 150　　C. 100　　D. 90

四、简答题

1．晶闸管对触发电路有什么要求？什么叫移相范围？

2．简述单相半控桥式整流电路的工作过程。

五、计算题

1．某单相可控半波整流电路，负载电阻 $R_L = 20\ \Omega$，由电网 220 V 电压供电，控制角 $\alpha = 30°$。试计算整流电压的平均值和管子承受的最大反向电压。

2．某单相半控桥式整流电路，输入交流电压有效值为 220 V，负载为 2 kΩ 的电阻，试求控制角 $\alpha = 0°$ 及 $\alpha = 90°$ 时负载上电压和电流的平均值。

责任编辑：张晓燕　责任校对：孙艳萍　封面设计：薛俊雷　责任美编：丁海涛

ISBN 978-7-5167-1837-7

定价：10.00元